U0174789

花园里的 10 堂实验课

〔美〕詹姆斯·纳迪 著　　桔梗 译

商务印书馆
The Commercial Press

DISCOVERIES IN THE GARDEN

by
JAMES NARDI

Copyright: © 2018 by James Nardi

This edition arranged with THE UNIVERSITY OF CHICAGO PRESS
through Big Apple Agency, Inc., Labuan, Malaysia.

Simplified Chinese edition copyright:
© 2021 The Commercial Press Ltd.

目 录

序

　　花园中，引人关注的事件每天都在发生。只要我们对生命的这些神奇特征加以观察，加深理解亲身所见的渴望就会油然而生。但生物学发现之所以让我们欣喜若狂，不仅缘于自然界本就蕴含的奇妙之处，还源自科学实验带来的深度理解。实验能够破解的某些未解之谜，单靠观察植物是无法解密的。实验还会引申出更多有关植物行为模式方面的疑问。发现的乐趣就在于提出这些疑问，并在自家的后院、校园甚至室内体验自然的种种奇妙。在这些活动中，你不仅能体会到从播种到收获的快乐，还能获得在后厨准备和分享收获的物质回馈。

　　我们与植物的关联有助于维系和恢复人与自然之间的脆弱纽带。植物不但能满足我们的好奇心，滋养我们的肉体，带给我们美的享受，它们还是我们最好的精神导师。从植物那里，我们学到了对种子应抱有的信心和对丰收的期待。看着植物按照自己的节奏有条不紊地处理事务，我们从中学会了耐心。那些为我们的健康提供所有必需营养物质的植物，让我们怀有感恩之心。哪怕只拥有一个小花园，它的多产也能让我们得以与他人分享丰裕的收获。通过种植植物，我们领会到资源的回收再生以及利用生长－腐败的自然循环来促使花园土壤、植物与动物和谐共存的重要性。我们学着欣赏其他生物对于维持花园生态平衡所做的贡献。通过与种类繁多的生物合作打理花园，我们得以在不使用有害化学制剂的情况下维持植物的健康状态。当植物相伴左右，看着那些可爱的花园，凝望那些庄严的树木，目睹植物适应周遭世界那些了不起的能力时，我们感受到了对大自然的敬畏。作为园丁，我们是这些神奇事件的日常参与者。正如奥尔多·利奥波德（Aldo Leopold）提醒我们的："创造通常是专属于神祇和诗人的行为，但谦卑的大众如果知道方法，也可以不受此局限。拿种一棵松树来说，你不必是神祇或诗人，一把铁铲在手即可。"

感谢帮助我分享这些发现的家人、朋友和同事。父母给予我的各种机会和鼓励培养了我对自然和园艺的热爱。才华横溢、富有激情的显微艺术家马克·比（Mark Bee），为本书拍摄了许多微观样本的照片。多萝西·劳德米尔克（Dorothy Loudermilk）和埃德温·哈德利（Edwin Hadley）一丝不苟地汇总了定稿图片，并将它们逐一分类。伊利诺伊大学贝克曼学会影像技术集团（Beckman Institute's Imaging Technology Group）的凯特·华莱士（Cate Wallace）精心准备了花粉系列的照片，揭示了花朵的隐藏之美。我加州的朋友托尼·麦圭根（Tony McGuigan）在抒发他对园艺的热情方面极有天赋。他写的《筑巢它自来》（*Habitat It and They Will Come*）一书，描述了他如何通过打造栖息地吸引其他生物前来共享花园，并借此表达了对它们的欣赏。他的想法和建议帮助塑造了本书。远在俄勒冈农场的马克·斯特奇斯（Mark Sturges），和我分享了他对园艺的见解，并提出了一些在花园和厨房里做实验的创意。我的妻子乔伊（Joy）陪伴我共同体验了花园的诸多奇妙之处和其中质朴的快乐。值得一提的是花园中的动物伙伴，它们的眼睛、鼻子、耳朵还有胡须拓展了我的探索、发现和欣赏的能力。对园艺慷慨相赠的丰富礼物，我们充满感激。

本书手稿在芝加哥大学出版社受到游子归家般的礼遇。总编克里斯蒂·亨利（Christie Henry）给予初稿许多鼓励和支持。米兰达·马丁（Miranda Martin）和克里斯蒂娜·施瓦布（Christine Schwab）在漫长的创作期里一直耐心指导。文字编辑约翰娜·罗森博姆（Johanna Rosenbohm）以一丝不苟的耐心和敏锐的思维，突出了文稿中较为亮眼的方面，帮着去除了一些糟糕的部分。苏珊·埃尔南德斯（Susan Hernandez）使出版流程得以顺利完成。这些可爱的人，让此次合作变得极为愉快。

引言：与植物对谈

观察　描述　假说

　　植物用来做研究再合适不过——通过播种或扦插来培育它们很容易；它们也能够被放在方便观察的地方，让我们思考作为植物是怎样的体验。当然，我们中的大多数人日常接触的植物并不多，只限于频繁侵占早熟禾草坪的杂草，或是被剪下做装饰性切花的那些植物，以及不带叶、茎、根被采收的果实，还有食杂店货架上的蔬菜。我们极少目睹幕后的情景，不清楚花园中、农田里、草甸上、树林里都发生了些什么。我们之中，有多少人会注意到种子里已经预先成形的植株？又有谁见证过从缤纷花朵到甜美果实的完整历程？世间的植物无奇不有。它们有的具有会爆裂的蒴果；有的会攀爬缠绕，长着可以盘绕的卷须；有的能移动自己的叶片和茎干；有的则能感知触碰，感知光线的强弱与重力的方向，感知白昼和黑夜的时长。植物对周边世界的反应或许与我们和其他动物大相径庭，但很快我们就会开始欣赏它们，因为它们的生命历程中充满色彩、冒险和令人赞叹的行为。

图 I.1
在苹果种子的内视图（左）中，可以看到"胚胎态"的苹果树位于种子的尖端。这粒种子会萌发并长成苹果树幼苗（右）。

从简简单单的一粒微小种子开始，植物慢慢生长，舒展出数不清的根和叶。到了特定时节，它会开花，花朵再转变为蕴含种子的果实，而种子又将萌发，植物家族的新世代就此开始它的旅程。作家薇拉·凯瑟（Willa Cather）对树的观察显然也适用于所有植物："我喜欢树木，因为它们似乎比其他任何生物都更能顺应环境。"植物接受我们的陪伴，允许我们旁观它们的私生活，并努力适应我们给予的安身之所。当我们对它们的行为模式及其诱因发问时，我们期待通过观察它们如何应对变化及适应环境，最终获得这些问题的解答。经过仔细的观察，我们会开始产生一些有关植物行为模式的观点和假想。利用植物进行实验来验证这些假想时，我们也常常会对植物提出一些问题，这些问题很可能从未有人提过。

植物生命中仍隐藏着许多秘密。举例来说，现代西方科学界直到最近才发现植物之间的相互通讯。尽管植物在地上的交流方式我们已经开始有所了解，植物地下交流的相关情况却仍笼罩着重重迷雾。虽然缺乏精密的仪器，但只要有"耐心和百折不挠的

图 I.2
关于苹果树地上和地下的生活，
还有许多秘密留待揭示。

意愿"*，我们仍可以观察到过去未曾观察到的情况。我们对植物之间以及植物与环境之间如何相互作用这一主题的理解及相关知识，都会因为这些发现而更为充实。在观察并做笔记时，应当牢记亨利·戴维·梭罗（Henry David Thoreau）的那句话："看什么并不重要，重要的是你看到了什么。"

在对观察到的植物界现象做出设想时，我们是在提出假说（hypothesis）。要验证这些假说，必须设计一些实验。实验会着手验证有关植物生命的某个特定假说。每个假说都会预测一个实验结果。验证的过程会让我们知道预想结果是否与观察结果吻合。这种对植物，或更笼统地说，对自然提问的方法，就是所谓的科学方法。

必须一提的是弗朗西斯·培根（Francis Bacon，1561—1626），很大程度上，正是他奠定了我们今天使用的科学方法的基础。梭罗劝诫我们要检验对所见事物的解释和猜想。培根则指出我们对世界的认知源自我们的五感，来自我们对自然的直接观察，但我们的感官体验常常不过是对事实的某种曲解。我们应该时时验证自己的理

---

* 引自英国科学家托马斯·赫胥黎的名言："耐心和百折不挠的意愿比聪明更有价值。"

解（假说），并勇于承认自己喜爱的某个假说可能是错误的。两百多年后，另一位英国科学家托马斯·亨利·赫胥黎（Thomas Henry Huxley，1825—1895）提醒我们，人们有执拗地坚持某些假说的倾向，即便它们与实验结果完全不符："丑陋的事实会屠戮美丽的假说，这是科学带来的巨大悲剧。"

园丁中涌现过最早的一批科学家，他们现在仍是科学家中最善于观察的一群。正是一些默默无闻的园丁，最先发现可以栽培的野生植物种类，告诉人们如何提高作物产量以及如何促进水果成熟。几个世纪以来，善于观察的园丁不断挑战由科学家提出的被普遍接受的假说。其中之一就是英国牧师吉尔伯特·怀特（Gilbert White）。

在 1789 年出版的《塞尔伯恩博物志》（*The Natural History of Selborne*）一书中，怀特记录了他在自家花园观察到的种种物候现象，前后时间跨度超过 25 年。与他同时代的科学家和农夫都认为蚯蚓是有害的，它们会啃食幼苗并留下乱糟糟的蚯蚓粪。怀特通过在自家花园中的观察，设法验证了一个假说，即蚯蚓其实对花园有益。"蚯

⟩ 图 I.3
蜜蜂是与植物生命有交集的众多生物之一。

蚓似乎对植物的生长大有助益，它们在土壤中钻孔打洞，土质因而变得疏松，雨水和植物根系得以在土壤中通行无阻；它们还会把稻草、叶梗和细枝拖入土壤；最重要的是，它们留下无数被称为蚯蚓粪的小土块，对谷物和草类来说，这种排泄物是一种优质的肥料。"直至今日，仍有很多园丁通过观察取得了重要发现，这些发现也进一步对科学家提出挑战，要求他们对植物的行为模式和背后的原因做出更为详细的解释。

本书所讨论的许多实验都可以验证一个概括性的假说，即近距离观察自然并与自然紧密合作，园艺会变得更简单，也更富回馈。而另一个流行的假说认为，使用人工合成的杀虫剂、除草剂和肥料去对抗自然，园艺和农业才可能获得成功且回报丰厚。我们在花园中发现的种种事实是会驳斥还是支持传统农业的这一假说呢？

本书以引言开篇，之后共有十章，每章会着力解说植物生命活动的一个重要特性，并分析它如何被植物与周边世界的相互作用所影响。每章的开篇都有一张展现微生态系统的插图，聚焦本章的相关植物特性。这些插图描绘了常见蔬菜花卉以及和它们共享花园的动物。花园与农场以往被太多地描绘成整齐划一的一排排植物的图景，似乎完全不受那些和它们共享地上和地下世界的其他生物的影响。与之相反，花园更应该被看作一个生物群落——植物、动物、真菌、细菌之间和谐共存，尽管这些生物的形态和活动各不相同。其实也正因为这种多样性，群落才成其为群落。

每一章都陈述了该章主题相关的背景信息，并包含一些加深理解的内容，即"观察"以及对假说的"求证"，这些都要通过直接接触活生生的植物才能实现。前九章侧重于描述植物如何努力生活，从最初的种子开始，经历成长、开花、生籽、结果，经受住来自天气的威胁和其他生物的攻击，直到最后的死亡。它们和其他生物一样，过着充实而美好的生活。它们完成所有这些壮举的方式，正是我们试图通过观察和实验去理解的。植物细胞和组织的显微照片，让我们能够欣赏细胞如何组成叶、花、果这样的复杂结构，理解细胞排布方式如何促使植物组织履行自己的职能。植物细胞和组织的照片还可以帮助读者理解，肉眼不可见的细胞变化如何引起植物在宏观上明显的色彩和形态变化。从此前生长于园中的植物那里回收再生的营养，养育了现有的这些植物；而在它们死后，它们又把这些借来的营养返还给土壤，养育新一代的植物。这九章涵盖了花园植物的日常生活，告诉我们为什么这些平凡的生命值得我们关注；最后一章则专注于描述动物和微生物伙伴，即那些与我们共享花园的生物，它们是园丁的好帮手。

像本书建议的这样，进行观察并动手验证假说，可以进一步完善我们对植物生命的现有理解，同时也为我们提供了在花园中亲身体验自然的机会，使我们与植物王国成员的相互交流愈加丰富。交流生物学发现的欣喜之情，与因热爱花园和自然而生的好奇心以及源自科学实验的更深层次理解相辅相成。我们目前对植物的认知正是通过这些观察和对假说的验证点滴积累起来的。

人类攀升到现有的植物学认知水平，其间历经了怎样的波折？要理解这一历程，最佳方法之一是回顾那些重要节点上人们所做的观察、提出的观点和进行的实验——无论成败与否——正是它们引领我们到达每一个全新的认知层面。每攀升到一个新高度，我们都能更加清晰地认识到，应该聚焦于哪个问题以及如何发问。当我们的

图 I.4
群落中的其他成员正在分享植物从阳光获取的能量和它们从土壤中吸收的营养。

认知提升到更高层次时，寻求新知的路往往迂回曲折。但只要持续提出与植物相关的问题，我们现有的知识就会不断得到增长和修正，一些信息甚至可能被证明是彻头彻尾错误的。我们当前对现存生物的认知，不应该被表述为僵硬死板而不可变通的事实，而应该是不断被深入发掘的知识，新的观察和实验常常会将其修正甚至彻底颠覆。植物与我们共享这个世界。本书呈现的那些观察和假说将向读者展示，那些因为发现有关植物生命的更多信息而激动不已的人们，当时是如何思索前进的。任何人都可以像科学家一样思考。只要耐心观察并深思熟虑，任何人都能体验发现新知的喜悦，为我们不断增长的植物学知识体系添砖加瓦。

若要亲自动手完成实验，以检验有关植物生命活动的假说，需要准备一些廉价而易得的物品，如种子、花盆、培养皿、小瓶、幻灯片等。作为实验对象的蔬菜和水果在食杂店、农贸市场和公园绿地很容易就能找到。这些实验拥有经久不衰的吸引力，正是因为它们容易操作，并且揭示了寻常植物被忽视的非凡特性。即便是常见的事物，近距离观察也会有新发现，正如博物学家约翰·巴勒斯（John Burroughs）宣扬的那样："要发现新事物，走昨天的老路即可。"本书是一本科普读物，里面涉及的实验非常适合园丁、孩童、老师及学生，引人入胜且极易理解。

对植物的近距离观察

植物生命在许多方面与我们自己的生命相当类似，在其他方面则迥然不同。所有的生物，无论大小，无论是动物、植物、真菌抑或细菌，都是由细胞这种基本单元组成的。一片豆叶或辣椒叶大小的叶子由 5000 万个这样的细胞组成。苹果树大小的一棵树则由 25 万亿个细胞组成。每个细胞里都含有被称为 DNA（脱氧核糖核酸）的遗传物质，DNA 包含着细胞延续和繁殖需要的所有编码信息。因此生物的每个细胞也是具有独立延续和繁殖功能的最小单元。每个细胞都通过细胞膜和细胞壁与外界及其他细胞隔离开来。植物细胞脆弱的细胞膜外面是坚硬的细胞壁，会阻止它们像许多动物和细菌的细胞那样爬行和移动。但也由于坚固的细胞壁的存在，植物细胞能够在吸水膨胀的同时，不会像没有细胞壁的细胞那样爆裂。植物没有腿、脚、翼、鳍，但环境变化造成的水进出细胞的过程，会让它们的花、叶、根、芽生长和移动。现在我们知道，这一系列事件是在简单的化学信号，即植物激素的指挥下进行的，这些激素会在细胞之间进行传递。

在一片大小约 4 平方英寸的叶子里安置 5000 万个尺寸差不多一样的细胞，这意味着这样一片叶子里的单个细胞只有在显微镜下才看得见。一个细胞的尺寸完全达不到用英寸或毫米衡量的程度。1 毫米分成 1000 等份是 1 微米，而细胞的尺寸通常就是用微米来衡量的。大多数显微图像的比例尺线段表示 100 微米，即人的发丝直径。也就是说，显微图像中任何其他物体的大小都是发丝直径的倍数。大部分植物细胞——无论是位于叶片、茎干、根还是种子——大小都在 1/20 发丝直径（5 微米）到 1/5 发丝直径（20 微米）之间。

所有的生物要想生存和生长，都必须获取能量、摄入营养。动物以其他生物为食，才能获得能量和营养，生存下去。和动物不同，植物细胞不是通过摄入食物这一途径获取能量和营养的，它们直接从土壤获取营养，并通过将太阳能转化为糖类的化学能，产生自身生长所需的能量。正如植物学家蒂姆·普洛曼（Tim Plowman）敏锐地指出的那样，植物通过"摄入阳光"获取能量。每个植物细胞内部都有一些细胞器（organelle）。在这些细胞器中，通常最显眼的是包含遗传物质的细胞核。而被称为叶绿体（chloroplast）的细胞器，它们的类囊体膜中含有无数的绿色色素——叶绿素（chlorophyll）分子，这些分子能够获取阳光的能量。叶绿素把这种能量传递给叶绿体里的其他分子，利用这些能量产生糖类，这个过程被称为光合作用（photosynthesis）。叶绿体里除了大量叶绿素之外，还含有被称为类胡萝卜素的其他橙、黄色素。和叶绿素一样，这些色素不溶于水，位于叶绿体不透水的膜中。与之相比，将在第八章讨论的可溶

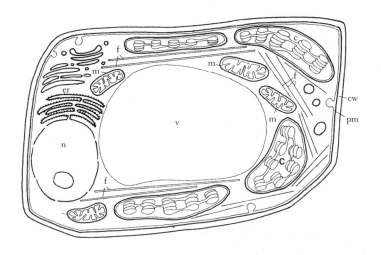

图 I.5

这张示意图展示了植物细胞的共有特征。和所有其他多细胞生物的细胞一样，植物细胞包含以下组成部分：一个连接着内质网（er）的细胞核（n），蛋白质在内质网中合成；几个线粒体（m）；微丝和微管，构成内部细胞骨架（f）；细胞膜（pm），包裹着以上所有的细胞器。细胞外部坚硬的细胞壁（cw）使得植物细胞无法流动且坚固。能获取阳光能量的叶绿体（c）是植物细胞独有的。内部细胞骨架能够帮助细胞器在细胞内定向运动。液泡（v）内的水压（膨压）和细胞骨架共同起到维持细胞形态的作用。

于水的红、蓝植物色素——花青素和甜菜素——则位于充满水的液泡中，这一细胞器掌控着细胞的脱水和吸水。线粒体（mitochondria）也是一种细胞器，它利用叶绿体产生的化学能，提供 ATP（腺嘌呤核苷三磷酸）形式的能量。ATP 是细胞的能量通货。细胞内部遍布着它的骨架结构（细胞骨架），由微丝和微管构成，赋予整个细胞以刚性，起到支撑作用。细胞骨架的微丝组成了无数轨道，类似叶绿体这样的细胞器可以沿着这些轨道在细胞内部移动。

植物会直接从土壤和空气中获取必需的营养。由于地下生物的活动，土壤供给的营养不断得到更新。 这些生物被称为分解者，将所有生物曾经利用过的营养从它们的遗骸中循环再生。 这些分解者的存在保证了活体生物的生长与往生生物遗骸的循环利用之间的平衡。 在花园和其他任由自然自行其是的地方，死亡不过是新生的序曲。

除了激素、氨基酸、核酸和糖类这类生长和繁殖必需的化合物，植物还会产生数以千计的其他化合物，虽然这些化合物对它们的生

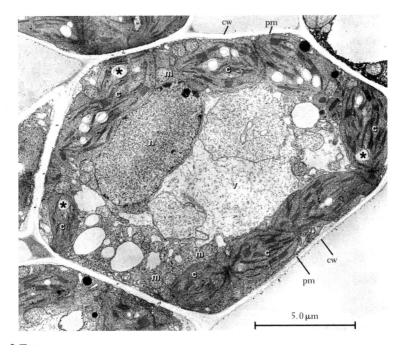

◑ 图 I.6

在这张电子显微镜拍摄的猫薄荷叶细胞照片中，图 I.5 中描绘的许多细胞器以相同的字母缩写做了标识。 在这一放大比例下，只有细胞骨架的微丝和内质网看起来不太明显。 一些包含叶绿素的叶绿体正转变为包含淀粉的淀粉体（以 * 标记）。关于淀粉体的内容会在第一章和第三章提到。

存并非必需，但确实会影响植物与环境及其他个体之间的相互作用。这些化合物被称为次级代谢物。其中一部分有益健康，例如在蔬果中发现的抗氧化剂；有些则是花果香草诱人的色泽、香气和风味的来源，为人们带来各种愉悦感。花朵的甜香、薄荷的清香以及咖啡和巧克力的诱惑都来自多种多样的次级代谢物。在它们之中，许多化合物被证明有重要的药用价值，还有一些化合物，人们仍在研究其抗菌性和抗癌性。许多化合物可以驱赶、杀死昆虫或其他食草动物，或者抑制竞争植物的发芽和生长。有些化合物则多才多艺，能够起到多种作用，具体作用取决于它们遇到的对手或实际情况。

上述独特之处，必然会对植物造成巨大的影响，包括如何与环境发生相互作用以及如何完成它们日常的生长任务，比如从土壤中获取营养、从阳光中收集能量、产生植物特有的物质并最终像其他生物一样慢慢老去。将植物作为观察和实验的对象，能使更多的人体验科学发现的兴奋。除了激励人们理解植物行为的起因，这本书还提供了大量的图片，从宏观到微观，为我们呈现自然界的生物多样性和自然美学。正如哲学家西蒙娜·韦尔（Simone Weil）提醒我们的那样：“科学的真正意义在于探究世界之美。”使用显微镜来帮助我们理解植物的行为模式及其原因，能够揭示植物的内在之美，我们对它们外在美的欣赏也将随之加深。

书末的附录 A 列出了具有代表性的植物激素、植物色素和植物次级代谢物的化学结构，正是这些物质塑造了所有的植物生命。此外，本书还讨论了许多蔬菜、树木、花卉和野草。附录 B 提供了这些植物的俗称和学名，并且标明了每种植物的科属。

◑ 图 1.1

　　在花园新近种下的许多发芽的菜豆中，老鼠采了一片子叶。 旁边混杂着蒲公英、堇菜和早熟禾的小块土地里，蟾蜍安静地看着这一切。 蛱蝶在五月暖洋洋的阳光中展开了翅膀。

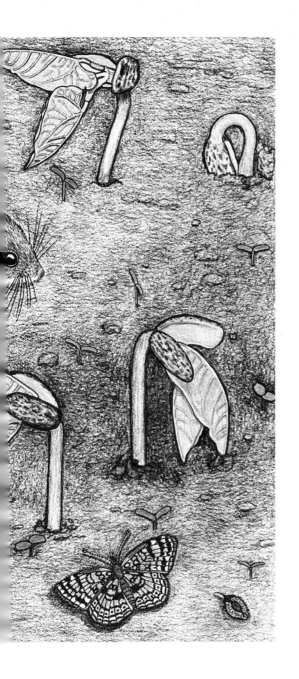

◇

第 一 章

种 子

我心中有对种子坚定的信念。让我相信你有一颗种子，我会准备迎接奇迹。

　　　　　　　　　　　　　　　　—— 亨利·戴维·梭罗

　　种子是造物的奇迹。它看似简单，但只要注入来自阳光的能量和来自土壤、空气的营养，就能华丽变身，成为一棵拥有叶、茎、根、花、果以及自身种子的完整植物。剖开一粒种子，比如菜豆的种子，你会看到在这个只有少许细胞的小团块中，迷你版的未来植株——胚——已经被预制成形。种子中的这些细胞注定会形成未来植株的各个部位；种子中原始形态的植株也会历经植物生命的许多阶段，慢慢长大，直至成熟。

　　从种子到植物的转变过程中，同样值得注意的是，在整个生长时期植物的基本形态一直保持不变。它们的生长是根尖和茎梢细胞群指挥下的精心编排，从不随意或纷乱，根尖和茎梢正是生长和细胞分裂集中发生的区域。这些区域的细胞随着植物的生长不断分裂，在产生更多与自己类似的细胞的同时，还会产生另一些细胞，它们将特化为叶细胞、根细胞和花细胞。这些不断分裂的细胞遍布于植物各处被称为芽和分生组织的地方。每粒种子都承载着类似这样无限的承诺和可能。一旦踏上发芽生长的旅程，种子就将展露奇迹，有一句威尔士谚语对此做了恰如其分的描述："苹果心的每一粒种子里都暗藏着一座果园。"

种子中隐藏着未来的植株

观察：

发芽的菜豆种子或向日葵种子最为惹眼的部分称为子叶（cotyledons），它们为摇篮期的植株——或称胚——提供了早期的营养。当子叶的营养被用于幼苗生长后，它们便成为未来植株最早消失的器官。发芽幼苗的一个生长点会伸入子叶下方的土壤，这是未来的根或称下胚轴（hypocotyl）；而另一个生长点会伸向子叶上方的天空，它是未来的茎干或称上胚轴（epicotyl）。把菜豆的种子浸泡在水中数小时后，沿着阻力最小的平面掰开，你会看到里面隐藏着的未来植株（图 1.2）。

◑ 图 1.2
植物未来的根和叶已经在种子的胚中预制成形。

所有的被子植物（angiosperms），或称开花植物（flowering plants），它们的种子起初被花朵掩藏，后者随着种子的成熟会转变为果实。这些种子要么是单子叶，要么是双子叶。子叶是区分被子植物两大"谱系"的重要特征。在 235 000 种被子植物中，有 65 000 种植物的种子只有一片子叶；这其中包括玉米、小麦、燕麦以及所有的草类，还有芦笋、葱、百合、鸢尾、棕榈和兰花。它们被称为单子叶植物（monocots）。余下 170 000 个种子有双片子叶的物种中，则包含甜瓜、菜豆、番茄、甘蓝和胡萝卜。它们是双子叶植物（dicots）。

　　常绿的球果植物，比如松树、云杉、冷杉，它们的种子同样也有上胚轴、下胚轴以及被营养组织包裹着的子叶。但它们的种子没有果实的包裹和保护，而是毫无遮挡地生长在球果鳞片的表面，因此它们被称作裸子植物（gymnosperms）。所有现存的裸子植物——松柏等针叶树和它们同样裸露种子的亲属——在世界范围内只有 720 种，仅占全部被子植物的 0.3%。由于既能结籽又能产生孢子，被子植物和裸子植物得以与其他绿色植物如苔藓、蕨类和藻类区别开来，后三者只产生孢子，而没有产生种子的能力。（有关种子和孢子的更多讨论，见第四章"种子与孢子的区别"一节。）

　　与许多被子植物的种子一样，很多球果植物的种子由于风味独特、营养丰富而颇受人们喜爱，比如松子。松子的内视图显示了它与被子植物的可口种子（如花生）的相似之处（图 1.3）。只不过，松子的胚和子叶镶嵌在雌性营养组织中，这种营养组织是裸子植物独有的。

　　花生和菜豆是亲戚；咀嚼花生时，你咀嚼的基本上是花生胚的子

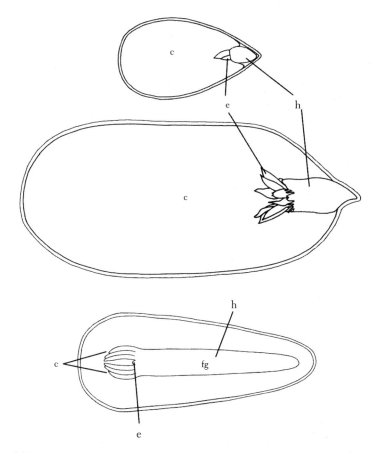

0 图 1.3

在苹果（上图）和花生（中图）的成熟种子中，胚乳的丰富营养已经都被转移
到两片子叶（c）中，子叶包裹着胚，并承担起为胚的早期生长提供营养的责任。
每个胚的上胚轴（e）和下胚轴（h）在图中都已标出。而在松树种子（即松子，
下图）中，胚和子叶是被营养组织所包围的，这些营养组织和被子植物用于提供
营养的胚乳来源并不相同。胚乳来源于精细胞与雌性细胞的两个细胞核的融合，
而松子的营养组织是由单个雌性细胞（fg，即雌配子体）多次分裂发育而成的，
过程中并无花粉的精细胞参与。更多细节请参见第四章。

叶。在每粒花生中，未来的花生植株依偎在种子一端，位于两片大大的子叶之间。如果凑近仔细看，你能辨认出花生胚中朝向内侧的未来叶子，和朝向外侧的未来根部。

在泪滴状的苹果种子中，未来的根位于种子呈锥形的一端，方向朝外。未来根部顶端的那一小群细胞，将来则会长成苹果树最初的叶子和树干。子叶占据着苹果种子比较宽的一端，与未来的根部和枝干相交于一点。

随着它们在果实内部初步成形，被子植物的种子开始了自己的生命历程，它们从一开始就携有被称为胚乳（endosperm）的组织，

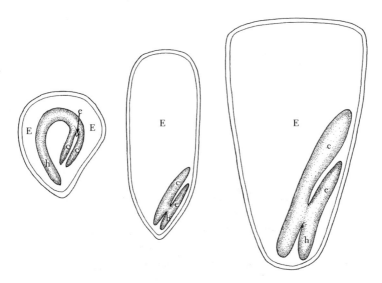

◑ 图 1.4

在双子叶植物辣椒（左）、单子叶植物黑麦（中）和单子叶植物玉米（右）的种子内视图中，富含营养的胚乳（E）包围着胚，或称未来植株。每个胚都具有：一片或两片子叶（c）；未来的根，或称下胚轴（h）；未来的茎干，或称上胚轴（e）。

这种组织含有大量营养。胚乳组织在传粉时产生，和被子植物的胚产生于同一时间。与包围着松子胚的母源性营养组织不同，胚乳兼具母源和父源。单颗花粉粒对花朵的传粉，能在产生胚的同时伴生出胚乳，与此相关的细节参见第四章。种子中带有明显子叶的植物（例如苹果、菜豆、向日葵和花生），在种子萌发前，胚乳中储藏的大部分营养就早已被转移到子叶中了。

我们目前观察过的所有被子植物的种子都是这样：在发芽前，它们的胚乳就彻底消失了。但很多植物，如番茄、玉米、辣椒、黑麦和小麦，它们的种子并没有那么明显的子叶。这些种子保留了原始的胚乳，把它当作营养储藏库，萌发时再从中汲取营养。从黑麦、辣椒和玉米种子的内视图可以看出，它们的胚乳和子叶与前述那些种子的不同之处，以及不同种子萌发早期的情况（图 1.4 ）。

求证：

轻柔地掐去一粒刚发芽的菜豆的两片子叶，会发生什么？比较带两片子叶的豆苗和只带一片子叶或不带子叶的豆苗的生长情况。来源于子叶的营养——无论是什么——可以用其他来源的营养代替吗？失去一片或全部子叶的豆苗能和保留两片子叶的豆苗长得一样大吗？什么时候摘除子叶不会对未来植株的生长造成影响？

用铝箔包裹刚发芽的向日葵种子的一片或全部子叶，防止子叶的细胞接受阳光照射，五六个小时过后，向日葵会有什么反应？用精细手术剪剪去这些新萌发幼苗的上胚轴，只留下子叶，又会发生什么？读过第二章中查尔斯·达尔文和弗朗西斯·达尔文（Charles and Francis Darwin）所做的实验以后，你就不会那么迷惑不解了。

感知萌发的方向

观察：

分辨上下的能力对所有植物都很重要。我们前面已经看到，在每粒种子中，未来的叶子指向同一个方向，而未来的根指向相反的方向。未来的根和叶子在种子内部的方向是固定的。但在花园中，小心播种甚或随意撒播种子时，它们可能处于任何位置、朝向任意方向，但它们依然能够设法向下扎根和向上展叶。每粒种子都有明确的方向感。用玉米粒演示植物分辨上下的这种能力再合适不过：玉米的第一缕根从种子的尖端长出，而叶子会从扁平一端冒出。玉米种子的个头较大，将它们朝不同方向粘在干燥的滤纸上相当方便（图 1.5）。你可以坐在餐桌或书桌旁，将一些玉米粒像图中所示那样粘在滤纸上。先用胶带把滤纸固定在培养皿*中。等胶干透后，打湿滤纸并给培养皿盖上盖子，确保滤纸在数天之内始终保持湿润。几天后，把培养皿从原本的水平位置翻转到垂直位置，即发芽种子在土壤中自然状态下所处的位置。四粒玉米种子的初生根系是否都将朝同一方向生长？

求证：

让初生根系长到大约 1 英寸长。如果把培养皿旋转 180 度，你认为这些正在生长的玉米根会发生什么变化？如果把培养皿置于水平位置又会发生什么？在这一位置上，根部无法向下生长，只能向上或

---

*　本书实验中提到的培养皿直径均为 10 厘米。——译者注

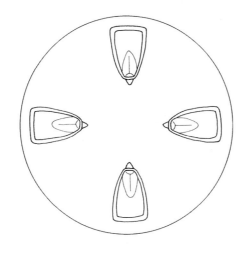

📎 图 1.5

在保持湿润的培养皿中，粘在滤
纸表面的玉米种子会开始发芽。
把培养皿立起来，等一两天，种
子锥形的那端会长出初生根系或
称下胚轴。

向侧面生长。

确保滤纸湿润，把水平的培养皿底朝上翻转过来。滤纸和种子
仍处于原先的培养皿底部。现在玉米幼苗的根和芽必须适应颠倒过
来的状态，它们可以向下或向侧面生长，而无法向上生长。

植物的根是如何感知和分辨上下的？人类的内耳中，有一种会
摩擦微小细胞结构的微型颗粒，我们通过它的移动感知上下。与此
类似，植物根尖生长点的细胞内部也有一种微小的圆形高密度颗粒，
它们被称为平衡石（statoliths），当细胞位置发生改变时，它们会随
之在细胞内移动（图 1.6）。这些平衡石实际上是高密度的淀粉颗
粒，由一种不含叶绿素的特殊叶绿体产生，这种叶绿体被称为淀粉体
（amyloplast）。引言中的图 I.6 就有叶绿体转变为淀粉体的示例。平
衡石停留在细胞底部时，根会向下生长，在根尖周围均匀地长山新
生组织。但如果根朝向一侧放置，平衡石就会集中在细胞的这一侧，

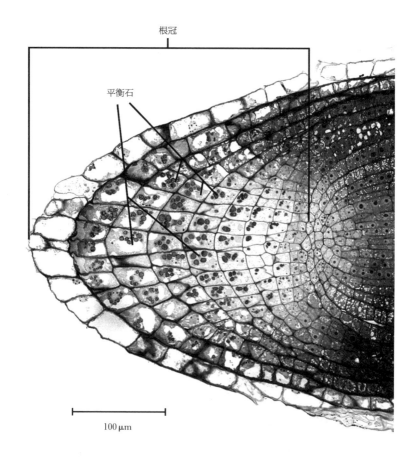

根冠

平衡石

100 μm

⟨𝅘 图 1.6

在正在生长的萝卜根尖上，拥有
重力感知能力的平衡石位于根冠
细胞（框出的部分）内部。当
根的方向发生改变时，平衡石在
根冠细胞中的位置也随之改变。

根的另一侧将会长出更多新生组织，使根开
始向下生长。 当根尖被倒置，平衡石停在
细胞顶部时，会发生什么情况？ 平衡石的这
种位置变化使得根尖来了个 180 度大转弯，
完全朝反方向生长。 如此一来，我们就能
理解了，平衡石位置的变化会被根尖细胞解

读为改变生长方向的指令。当然，从最开始的平衡石移动到最后的根尖运动之间究竟发生了哪些事件，这当中的详细情况仍留待悉心设计的假说和实验去解读。我们将在后面的章节中加以讨论。

求证：

如果平衡石在根冠细胞内的移动会将土壤中根的方向信息传递给根，那么我们可以预测，去除或破坏根冠细胞会改变根对重力的正常反应。

重做上面的实验，把玉米种子粘在滤纸的四个不同方向上。等初生根长出后，小心地用精细的镊子或小针把它们的根冠去除。观察根部的生长情况。没有了根冠和它里面的平衡石，根部的生长方向会受到怎样的影响？

感知萌发的时机

在接收到来自环境的行动信号之前，种子会一直保持休眠状态。这些信号将告知种子环境条件合适，可以开始生长。如果气温过低或土壤过于干燥，又或者种子在阴暗的土壤中被埋得过深而离光线过远，萌发就毫无意义了。

观察：

要观察种子发芽和新植株诞生时的一系列事件，先得做一些准备。把滤纸打湿放在加盖的培养皿底部，把萝卜种子置于滤纸的湿

图 1.7

萝卜幼苗的无数根毛伸入周
围土壤数不尽的孔隙中。

润表面上。在种子上首先露头的是未来植株的哪部分？初生萌芽周
边毛茸茸的物质又是什么？通过特写照片可以看出，这些茸毛并非霉
菌，而是萌芽表层细胞伸出的数千根毛状物（图 1.7）。初生的萝卜
萌芽在土壤中伸展时，这数千根毛状物也一样在土壤中四处伸展，伸
入微小的气孔和空间，搜寻水和自身生长必需的营养素。它们设法
在土壤中伸展开来，但又不会无可救药地相互纠缠在一起——这一
高超技艺，只有聚集数千条鱼儿的鱼群和数百只鸟儿的鸟群保持整齐
的队列遨游、飞翔的能力，能够与之媲美。

被深埋在地下的种子即便休眠多年，依然可以保持活性。西伯
利亚的一种野花种子保持着休眠 32 000 年仍具有活性的惊人纪录。
2012 年，俄罗斯科学家声称他们发现了一种蝇子草属（*Silene*）植物
的种子，它在 32 000 年前被储藏在一个地松鼠的洞穴中，那是这些
花和猛犸象共存的时代。在建成之后不久，这个洞穴就被深埋到了
125 英尺厚的沉积物之下。数百个世纪以来，这些种子一直处于冰封
状态。它们面临两大困境：既无光照又无氧气。只有被带到地表，
它们才有可能萌发。

求证：

不同植物的种子萌发所需的环境条件是否不同？所有的种子都可以在黑暗中发芽吗？还是只有一部分能够做到？置于铺有湿滤纸的培养皿中的种子并不缺乏氧气；但这些种子可能不仅需要水和氧气，还需要光照才能萌发出初生的嫩芽。试着测试一下种子缺光时的反应。把烟草种子放在三个铺有湿润滤纸的培养皿中。每个培养皿里放一撮细小的烟草种子。把第一个培养皿放在亮处；第二个完全遮光放置五天；第三个完全遮光放上两天后，再受光一天，接着继续遮光两天。对萝卜种子做同样的处理。对于某些种子而言，只要有水和氧气的存在就足以促使它们发芽。你能想出不同种子发芽所需条件不同的可能原因吗？

种子在一年中的任何时节都能发芽吗？面临每年数月干旱的沙漠植物种子是怎样发芽的？很多种子在夏末成熟，诸如苹果、栎树和草原上的野花，发芽前要经历冬日的严寒。为了避免初冬萌芽而迅速遭受冰冻天气，它们会一直休眠，历经数周5℃以下的低温后才会发芽。要经历这样的持续低温，让种子在户外自然过冬或在冰箱中模拟过冬都可以。等冬天过去，或者经历足够多天5℃以下的低温后，种子就会开始发芽，不再顾虑新芽遭受冻害的可能。

一些种子在发芽前必须度过难挨的寒冷期，而另一些种子则需要经历火烧、烟熏或是淋雨才能发芽。许多热带植物种子的萌发需要35—40℃这样相对较高的环境温度。它们高密度且坚硬不透水的种皮往往在短暂遇火后才会破裂，种子内部的胚与水和空气的接触度随之大大增加。芝加哥植物园的研究者曾做过演示，虽然并非萌发的必要条件，但某些草原植物的种子在受到烟熏后发芽率会提高30%—

40%。种子在原生环境中面临的特定水分、光照和气温条件，共同构成了种子萌发的诱因。

许多休眠的种子中都含有一种生长抑制因子。种子开始生长后，它便随之消失。休眠的芽中也有同样的因子。只有在春天到来时，生长抑制因子的含量才会降低，同时促生长因子含量升高。我们发现促生长因子和生长抑制因子之间的平衡关系决定着种子发芽与否，它们同时也控制着植物一生中的许多其他事件。就种子而言，确实有一种因子会抑制它们萌发，维持它们的休眠状态，直到白天变长、天气转暖使得促生长因子水平升高。

要论证某些化学因子的存在会抑制种子萌发这一假说，首先要对特定种子必须经过冷处理才能萌发这一现象进行观察。人们曾经从休眠的种子中提取到一种名为脱落酸（abscisic acid, ABA）的简单有机物。当种子开始发芽时，抑制生长的脱落酸含量会变低，而促生长因子的含量则开始升高。进一步的实验验证了新的假说，即脱落酸不但会抑制种子萌发，而且会抑制芽的生长。对多种不同种子和不同植物的观察结果都与这一假说相吻合。在某一时期，人们曾怀疑这种物质会导致叶子从植株上脱落，因而将其命名为脱落酸。但后来对脱落过程的进一步观察显示，脱落酸并不会促使成熟老叶脱落，而是会抑制老叶基部附近芽的生长。由于脱落酸的这种抑制作用，在较暖的春日来临之前，芽中孕育的未来叶子不会崭露头角。

然而，至少有一种促生长因子会反向平衡脱落酸的生长抑制作用。种子中有一种生长因子能将淀粉（种子储藏的休眠态能量）转化为糖类（活跃可用的能量，可用于种子萌发）。这种生长因子被称为赤霉酸（gibberellic acid, GA），它不但在种子萌发时积极发挥作

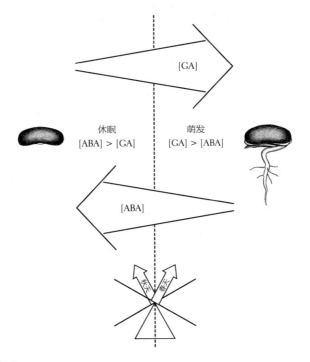

休眠
[ABA] > [GA]

[GA]

萌发
[GA] > [ABA]

[ABA]

◯ 图 1.8

脱落酸（ABA）和赤霉酸（GA）这两种激素的相对浓度随着季节变化而升降，
它们共同指挥着植物生命中的重要事件，如休眠、种子萌发以及花朵绽放。
激素水平的平衡关系决定了芽和种子的命运。

用，在植物生命中的其他事件中也很活跃（图 1.8）。 实际上，人们
最早观察到这种生长因子的影响，是发现水稻苗在感染名为藤仓赤霉
（*Gibberella fujikuroi*）的真菌后，会长得格外地高而细长。 这种真菌
似乎能不断产生某种刺激水稻植株细胞伸展和生长的物质。 最后这
种物质被证实是一种简单的化合物，人们将它从这种真菌中分离出来
后，便以这种真菌的名称将它命名为赤霉酸。 自赤霉酸首次在真菌

中被发现后，它一直被看作对植物生长有重要作用的物质，从春天种子的萌发到秋天植物的凋落。类似脱落酸和赤霉酸这样的化学物质，被称为激素，它们会激发植物生命中某种特定的行为或不作为。

虽然一种激素可能主要负责指挥植物生命中的某一项重要事件，但所有这些激素都共存于同一植物体内，任何一种都不是彻头彻尾的独行侠。植物激素之间会发生互相作用——以不同的浓度，在不同的地点和时间——但其方式仍有待我们去发现。在后文中我们还会讨论植物生命中的其他重要事件，这些我们熟知的激素将以全新的面孔再次粉墨登场。

🌰 图 1.9

红栎（左）和白栎（右）的栎实不但萌发所需条件不同，发芽的策略也不一样。

观察:

即便类似红栎和白栎这样的近亲,其栎实应对冬季严寒天气的策略也大相径庭。 在秋天收集红栎和白栎的栎实,把它们放在大花盆湿润的土面上。 然后观察这两种"血缘"极近的种子如何应对冬天的来临。

通过叶子和栎实的形状,我们很容易分辨栎树的两大类:红栎和白栎。 前者的叶裂末端呈尖锥形,而后者的叶裂末端圆润(图 1.9)。它们不但种子萌发所需条件不同,连果实成熟所需时间都不同,红栎需要两年,而白栎只需一年。

🔊 图 2.1

向日葵不但会吸引老鼠和金翅雀，还会吸引类似蜜蜂（左上）、雄牛虻（左中）和宾夕法尼亚泥蜂这样的传粉昆虫。雌泥蜂在不传粉时会搜寻美洲大蠊斯（左下），将它们作为储粮，充实它为幼虫筑造的地下巢穴。

第 二 章

芽与茎干中的
干细胞与分生
组织：向上、
向下及径向
生长

植物茎干上的每一个芽都包含一个或更多的特殊细胞，即所谓干细胞，它们中的任意一个都能发育成一朵完整的花、一片叶子、一缕根，甚至一整棵新生植株。干细胞与植物茎干有一些共同的特性。虽然前者是单个细胞，而后者是由多个细胞组成的组织，但它们同样都代表了最基本的未分化结构，其他的植物结构，如花朵、叶子和根，都是由它们形成的。每个芽里有成千上万的特化细胞，所包含的干细胞却只有一个或一些。植物的茎干上有许多这样的芽，也就相应地有这么多或更多的干细胞。无论什么物种，在它们的未特化细胞被特化以完成某种使命的地方，都会出现干细胞的身影。

　　干细胞集中分布在植物的分生区域。这些区域参与了根茎分生芽向上向下的生长（图 2.2 和图 2.3）。它们还参与了根茎通过分生组织环向外扩展变粗的过程（图 2.4 和图 2.5），这些分生组织环位于根茎的表皮以下。希腊语 meristos 的意思是"可分裂的"，这是分生区域（meristematic region）共有的一种特性。它们是那些干细胞集中且细胞持续分裂的区域。干细胞不但拥有产生各种新

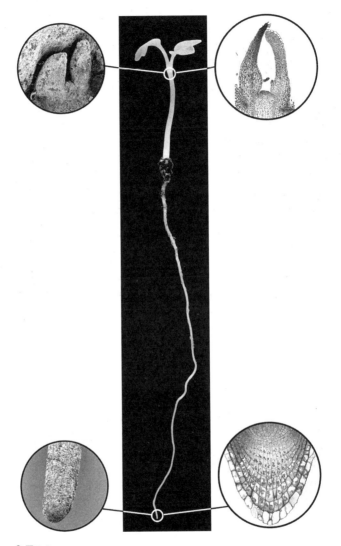

◊ 图 2.2

图为萝卜幼苗的两个分生芽，即根尖和顶芽的特写。 左边的扫描电子显微镜图像显示的是顶芽分生组织和根尖分生组织放大后的表面。 右边同一区域的截面图显示的则是这两部分内部的细胞排布情况。

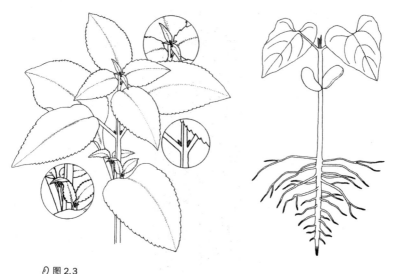

◎ 图 2.3
彩叶草（左）和菜豆（右）根茎的干细胞位于地上的芽和地下的根尖中。
图中这些分生组织被涂黑了。

生特化细胞的特殊能力，还能分裂产生更多和自身相同的未特化干
细胞。

观察花园里生长的植物会发现，它们的根茎不仅在长度上有所增
加，其直径也会增加；它们不但会向上、向下生长，也会径向变粗。
为了变粗，植物都有形成层，那是一层薄薄的环形分生组织，位于
茎干的外围，从地下的根尖一直延伸到地上的芽。拉丁语 *cambium*
（复数是 *cambia*）的意思是"一种变化"，指的是分生组织形成层
（cambium）那些分裂中的未特化细胞转变为特化细胞时发生的显著
变化。这些细胞的命运走向取决于它们的位置是在形成层环的内部
还是外部。形成层的干细胞分裂时，不但会产生更多与自身相同的

未特化细胞，还会产生朝向根系外表面的特化细胞以及朝向根系中央的另一种特化细胞（图2.4）。形成层环内部的干细胞向着植株中心（木质部）分裂，生成木质部（xylem）细胞，它们会由下而上输送水和矿物质；位于形成层环外表面的干细胞则向着树干外围（树皮）分裂，生成韧皮部（phloem）细胞，它们会将叶子制造的糖类运送下来。随着形成层干细胞不断产生构成植物维管（vascular）输送系统的木质部和韧皮部细胞，植物也就不断径向增粗。

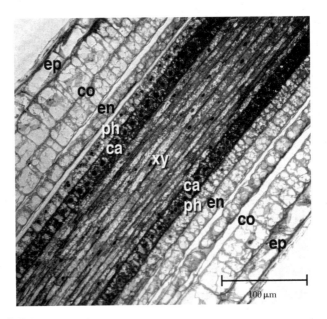

☽ 图2.4
这是一张萝卜苗的根部纵截面图。最外面是表皮（ep），居于中心的是木质部（xy）。深色的分生组织形成层环（ca）将环外的韧皮部细胞（ph）和环内的木质部细胞（xy）分隔开来。根部皮层细胞（co）和内皮层细胞（en）把韧皮部细胞（ph）和表皮细胞（ep）分隔开来。

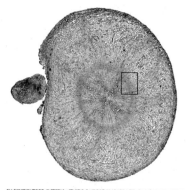

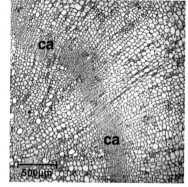

観察:

要观察植物在长高扎根的同时如何径向增粗，最好能找出根部横截面里构成形成层的那层薄薄的干细胞环。把一根小胡萝卜的根尖放在装满绿色或蓝色食用色素的试管中，那些负责输送土壤中的水和矿物质的细胞会把蓝色染料从锥形的根尖运送到根部较宽的那端，即原本叶子的所在。两三个小时后，把根尖外部的染料洗掉，用锋利的小刀或单面剃须刀片切开根部，看染料沿着根部被输送了多远。染料标记出的是特化的木质部细胞，它们会将水和矿物质输送到植物的叶、花和果。形成层干细胞构成的窄窄的环，包围着中央被染色的细胞（图2.5）。而围绕着形成层细胞环的是环状的韧皮部细胞——它们负责反向运输糖类，从叶、花、果运往根部。

形成层干细胞环产生的新细胞不仅能让植物茎干变粗，还可以替换自身受损或缺失的细胞。形成

◯ 图2.5

上图：胡萝卜根部的横截面图中，形成层干细胞构成的窄环被夹在位于中央的木质部细胞和外层的韧皮部细胞之间。图中的方框中，木质部细胞位于左下方，而韧皮部细胞则占据了右上方。我们还能看到一条从主根左侧伸出的侧根的横截面。下图：这一区域就是上图方框标记的区域，展示的是胡萝卜根形成层分生环（ca）的横截面。

层干细胞可以惊人地融合两根受伤的茎干，园丁们因而得以将同一品种的两根茎干，其至不同品种但有亲缘关系的两根茎干嫁接在一起。将红番茄的茎干嫁接在黄番茄上，可以同时长出红番茄和黄番茄的拼接番茄植株就诞生了。番茄和马铃薯同属一科，把番茄茎干嫁接到马铃薯上，会产生"半番茄半马铃薯"的植物——它既能在地上孕育红色的番茄，也能在地下孕育黄褐色的马铃薯。嫁接成功的秘密在于，两种植物的形成层干细胞会协同作用，替换和修复嫁接过程中被去除的那些细胞。在切口愈合过程中，需要将两根茎干用胶带绑在一起。几周后，番茄和马铃薯形成层中的分生组织细胞不但会分裂出新细胞以取代那些缺失和死亡的细胞，还会使两根茎干的受损表面彻底愈合并联结在一起。

把两棵6—8英寸高的植株紧挨着种在同一个大花盆里（图2.6）。在植物一半高度的位置，用细绳或园艺扎带轻柔地将两根茎干绑在一起（图2.7）。

⟩ 图 2.6

把番茄（左）和马铃薯紧挨着种在一起。它们同属茄科。

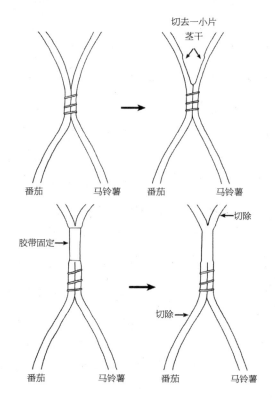

切去一小片
茎干

番茄　　　马铃薯　　　　　番茄　　　马铃薯

胶带固定→　　　　　　　　　　　　→切除

→切除

番茄　　　马铃薯　　　　　番茄　　　马铃薯

◯ 图 2.7

上图：把马铃薯茎干和番茄茎干嫁接在一起的初始步骤；下图：把马铃薯和番茄
茎干切面贴合在一起大约两周后，由于它们形成层的分生细胞不断分裂，伤口已
经愈合。

在两根茎干捆绑处的上方，用单面剃须刀片各切去一小片茎干。
切口长度控制在大约 1 英寸，深度约为茎干直径的 1/3，换句话说，
深度刚及茎干形成层。

两个切面要紧紧地绑在一起，缠上胶带以保证植株伤口能够愈
合且保持健康。如果 10 到 14 天后，植株看起来很健康，甚至有长
出新生组织的迹象，就可以用单面剃须刀片在嫁接处上方 1 英寸处下

刀，切去马铃薯植株顶部，在嫁接处下方 1 英寸处切去番茄植株底部。过两三天，再拿掉绑带和嫁接胶带。拼合版的番茄马铃薯植株到了夏天会结番茄，而夏末番茄的茎叶枯萎时，又可以采收马铃薯。

求证：

嫁接两种番茄植株，一种原本结红色大果番茄（LR），一种原本结红色樱桃番茄（RC）。选用 6—8 英寸高的植株，像前面嫁接红番茄和马铃薯那样把它们结合在一起。

比对两棵不同的拼接版番茄植株（一种 LR 根配 RC 枝；另一种 RC 根配 LR 枝）与未嫁接过的 LR 和 RC 番茄植株，看看它们果实数量和大小的差别。某个根枝组合植株的果实产量是否高于平均水平？

顶芽和顶端优势

干细胞会不断分裂，为植株增加新细胞和新生组织，芽是它们集中分布的区域。这些分生区域之间互相通信，保证顶芽能够主导和指挥茎干的生长，避免出现茎干随意生长的情况。事实上植物各处的分生组织存在固定的层级，或称等级次序，顶芽会向同一茎干低处的芽通信，表明自身的主导地位，以维持这种层级。

我们自身的细胞间通信通过三种形式发生：（1）细胞可以从一处移动到另一处，比如我们的血细胞一直在身体中不断流动；（2）细胞可以生长，并向特定方向延展，如我们腿里的单个神经细胞可以从背部一直延伸到脚趾；（3）化学信使通过细胞逐一传递时也会发生通信，这些化学物质在一处产生，然后被分送到其他地方。

由于存在坚硬的细胞壁，植物细胞不会明显地沿着茎干从一处移动或伸展至另一处。但它们可以在同一植株内部或向相邻植株释放化学信号。这种起信使作用的化学物质被称为激素。此前在第一章提到的赤霉酸和脱落酸之类的激素，可以通过激发某些行为和抑制另一些行为，使植株发生相应变化。

类似芽这样的植物生长点是干细胞集中的地方，它们同样含有一种激素，可以控制同一植株上所有芽之间的通信。查尔斯·达尔文和他的儿子弗朗西斯最先推测出植物中这种重要激素的存在，他们观察到小苗总是向光生长，原因是受光较少的一侧生长得更多（图2.8）。虽然向光弯曲发生在生长点以下，但达尔文父子的实验清楚地表明，小苗顶端才是感知光的部位。通过用黑色不透光的盖子遮盖顶芽或干脆掐去顶芽的方法，他们证明了一个事实，即必须有顶芽存在，小苗才会对光有所反应。在 1880 年出版的《植物的运动本领》（*The Power of Movement in Plants*）一书中，他们写道："只有顶端能感知光的存在，并将产生的影响传送到低处部位，使它发生弯曲。"

人们随后提出了两种假说，解释光对幼苗生长点的显著影响。幼苗受光后，要么是一些促生长激素进入幼苗生长点的背光侧，对它施加影响，要么是受光侧的这些激素被破坏，对受光侧产生了影响。最后前者被证实是正确的。

在夏日的每一天里，不断生长的向日葵顶芽都会对日照有所反应。向日葵幼苗的叶子和顶芽会追随天空中太阳运动的轨迹，随着早晨的太阳向东偏转，而后追随着落日向西。幼苗远离太阳的一面

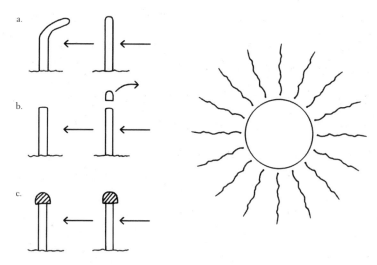

𝄐 图 2.8

达尔文父子利用燕麦幼苗顶芽所做的实验，证实了某种促生长因子或激素的存在。
观察：燕麦幼苗向着来自右边的光弯曲（a）；当它的顶芽被摘除（b）或被不透光
的盖子盖住（c），燕麦幼苗就不会发生弯曲。假说：幼苗的顶芽能感知光线；一些
促生长因子被传送到幼苗低处，这些因子促使幼苗远光一侧生长得更多。

比朝向太阳的那面生长得更多。 在光照的影响下，早晨集中在向日
葵茎干西侧的促生长激素，到了下午会转移到东侧。

　　达尔文父子有关幼苗顶芽的首次实验距今已经有一百多年，今天
我们已经了解，这种结构简单的"因子"不但在光的作用下在植物体
内发生了转移，还会以诸多方式对植物细胞的生命有所影响。 在植
物的背阴面，这种化学信使会激发细胞的生长。 它影响植物生长的
方式多种多样，具体方式取决于它所在的部位是根部还是枝条。 正
如我们在第一章所发现的，发芽的种子或盆栽植物从垂直位置翻转到
水平位置时，这种化学信使会促使根部顶端生长，而不会促使枝条

低处生长。这时根部向下生长，而枝条向上生长。这种简单的化学物质会引发一系列连锁事件，最终不但塑造了植物的特定部位，如叶、果和根，还塑造了植株的整体。这种化学信使被称为植物生长素（auxin）。我们现在知道，植物生长素与其他植物激素协同作用，控制着植物生命中许多重要的事件，如老化、发芽、生长、运动及对昆虫和微生物的防御反应。未分化植物细胞的命运走向——会成为根还是茎或两者兼具——取决于植物生长素与一种或多种其他激素的相互作用（图 2.9）。

植物学家力图了解更多有关植物生长素和其他激素复杂相互作用的信息，这些激素包括细胞分裂素（cytokinin）、赤霉酸、脱落酸、乙烯、水杨酸和茉莉酸。许多假说已得到验证。这些植物激素之间的相互作用十分复杂，科学家还在慢慢揭开它们神秘的面纱。但有关这些激素的一些基本作用，似乎一直以来都得到了公认。细胞分裂素会促进细胞分裂，而赤霉酸会促使细胞伸长。在叶子的老化过程中，乙烯会抑制植物生长素和细胞分裂素的促生长作用。脱落酸则会在种子发芽期抑制赤霉酸、植物生长素和细胞分裂素的促生长作用。受到昆虫或真菌攻击时，植物会产生水杨酸和茉莉酸。这些激素会共同发生作用，有时互相促进，有时彼此削弱。但毫无疑问，仍有更多激素有待发现，比如最近发现的菜籽类固醇，它会影响植物细胞的大小，与我们自身的性激素类固醇有惊人的相似之处。

植物生长素是一种简单的有机化合物，在实验室中很容易合成。由于植物生长素极易获得，我们常用它检验一些假说，比如用合成的植物生长素取代天然的植物生长素，植物组织会发生什么情况，或者接触过量的植物生长素，细胞和组织会有什么反应。植物生长素通

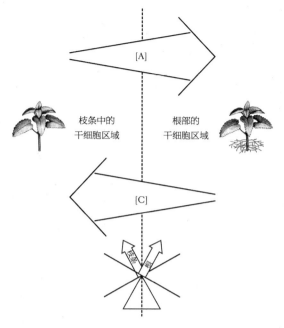

⟂ 图 2.9

在枝条和根部的分生组织中，植物生长素（A）和细胞分裂素（C）这两种激素相对浓度的升降，指挥着干细胞的分裂和分化。这两种激素水平的平衡决定了枝条和根部的命运走向。顶枝中植物生长素浓度的升高以及生长素与细胞分裂素比值的增加，提示我们枝上有不定根形成。

常被作为促根粉出售，用于促进花园植物地上插条根系的形成。它的加入会提高植物生长素与细胞分裂素的比值。这一激素平衡的变化促使这些插条生成根系，如图 2.9 所示。

观察：

芽的优势取决于它在主茎上的位置，位于茎干顶端的芽等级最高。生长中的彩叶草、菜豆或罗勒的顶芽是植物生长素的天然来源，

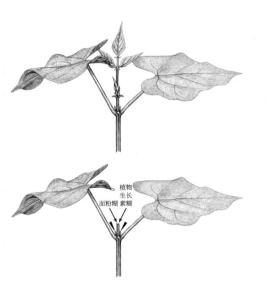

◑ 图 2.10

豆苗中央有一根嫩枝，两侧是两片初生叶。顶枝是植物生长素的主要来源。正是这根枝条所含的植物生长素，能发挥出顶端优势，影响整棵植株的生长和外观。去除这一来源后，观察接下来迅速出现的变化，比如位于顶枝下方的分生侧芽（黑色三角处）之类的部位的生长，以及这些生长对这棵菜豆外观的影响。顶枝产生的植物生长素施展的顶端优势，通过简单地涂抹植物生长素糊是否可以起到替代作用？

如果顶芽被摘除，茎干低处的侧芽会有什么表现？由于这段茎干顶芽细胞的存在，侧芽的发育及其内部干细胞的分裂原本显然是受到抑制的。

先找四棵形态相近的菜豆小苗。每棵植株上要有两片相对的叶子，且其间夹着一个正在生长的嫩枝（顶枝）。在嫩枝与两片叶子相连的地方，即叶柄和枝条之间的夹角里长有两个侧芽。这个夹角被称为腋，而这里提到的侧芽被称为腋芽。比较两种不同情况下这些休眠芽的表现：（1）去除顶枝；（2）保留顶枝（图 2.10）。剩下的两棵菜豆去除顶枝。我们知道顶枝含有植物生长素，因而对茎干低处的芽表现出顶端优势。涂抹植物生长素能替代被摘除的顶芽吗？在其中一棵的枝条切面涂上植物生长素糊（生长素在园艺用品店有售）；给另一棵菜豆的切面涂上面粉糊作为比照。

虽然马铃薯长在地下，但它实际上是长有多个芽的膨大的茎（即

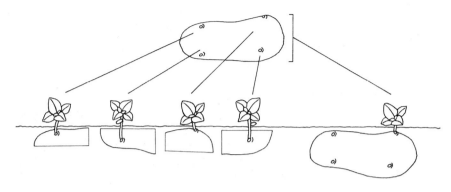

◌ 图 2.11

　　本图展示了马铃薯的"芽眼"如何决定自己的命运。当这颗马铃薯被切成四块
　　分别种下（左），每一块上的芽都会长成一棵新植株；但如果种下整颗马铃薯
　　（右），某一个芽会表现出压制其他三个芽的优势。

"芽眼"；请翻阅第三章及图 3.4，了解马铃薯等根茎蔬菜的更多特
点）。如果种下整颗马铃薯，只会长出一根马铃薯枝条，因为这颗马
铃薯的顶芽展现了对其他芽的生长优势。但如果马铃薯被切为数块，
每一块包含一个芽眼，或称芽，顶芽的优势影响便不复存在，这些芽
的生长也就不再受到抑制。被切分的每一块种下后，都会抽出一根枝
条（图 2.11）。

　　求证：

　　顶部分生组织被切除后，你猜测这些芽或分生区域会发生什么
原本不会发生的情况？如果顶芽和底部侧芽——距离最远的两个
芽——之间的所有芽都被摘除，你觉得会发生什么？没有了中间的
那些芽，顶芽还能抑制底芽的生长吗？留意一下，随着低处的侧芽
和顶芽距离的变化，侧芽的大小有何变化？侧芽与顶部分生组织的

距离对它的生长和大小有什么样的影响？

　　抱子甘蓝是秋季采收的蔬菜，那时它们的茎干上会形成许多侧芽，也就是我们拿来做菜的部分（图2.12）。种过这种蔬菜的人都知道，要想秋季采收的抱子甘蓝个头最大，最好的办法是在生长季末期摘去较大的顶芽。去除优势芽后，低处的芽受到的生长抑制也就随之消除了。持续采收植株顶部的抱子甘蓝，位于茎干低处的侧芽就摆脱了来自顶端"高邻"的抑制影响。在这些抱子甘蓝生长时，留意一下它们精确而有序地沿茎干方向螺旋生长的方式。

　　我们经常用赞赏性的美学术语，描述自然界中许多类似这样的形态和规律之美，它们其实同样可以用物理学术语和数学术语进行描述。苏格兰生物学家达西·温特沃思·汤普森（D'Arcy Wentworth Thompson）在1917年他所著的《生长与形态》（On Growth and Form）一书中，自始至终都在与读者分享这种自然的数学之美："细胞与组织，壳与骨，叶与花，它们如此繁杂多样，但当组成它们的微粒被移动、塑造和整合时，总会遵循物理学的法则。"

〇 图2.12
抱子甘蓝（侧芽）的直径长到大约半英寸时，去除顶部生长点并准备收割。顶端优势被去除后大约一个月，这些抱子甘蓝全部会长到几乎同等的大小，那时就可以采收了。

植物生长的几何学

在新萌生的植株上，是什么决定了芽和初生叶在顶芽周围的位置排布？从顶部分生组织沿着茎干向下看，可以看到阳光如何均匀地分布在下方叶子的表面上。所有叶子在茎干上的排布呈现整齐的螺旋形，每片叶子因而获得平均配给的那一份阳光。叶子在茎干上的这种螺旋式分布，能保证任何叶子都不会被上方的叶子彻底遮挡（图2.13）。向日葵的种子、凤梨的小果、松果的鳞片和栎实顶端的鳞片也呈螺旋式排布，这样就能在既定的空间里塞下数量最多的种子、小

◖ 图 2.13

从植株顶部分生组织向下看，叶子按大小和成熟度从上而下围绕着主茎呈现整齐的螺旋状排列。左图是烟草顶部分生组织的照片，是从正上方拍摄的俯视图；右图是相同视角下向日葵顶部分生组织的示意图，此时花还没有形成。

果和鳞片。 这种整齐的排布方式，在数学上可以描述为以 0 和 1 开头的一列数字。 不断将两个相邻数字相加得到下一个数字，于是就构成了斐波那契数列——0，1，1，2，3，5，8，13，21，34，55，89，144，233……

观察：

从茎干最高处的叶子开始，把它记为 0 号。 然后按顺序数出螺旋排布在茎干上的叶子，直到转过 360 度，到达 0 号叶子正下方的那片叶子为止。 继续数下去，直到绕着茎干再转完整的两圈，到达第二片和第三片位于顶叶正下方的叶子。 留意一下，你会发现上下

○ 图 2.14

上排从左至右分别是云杉、北美乔松、冷杉和铁杉的球果，其鳞片形成螺旋图案；螺旋线的条数均为斐波那契数。 从下排所示的球果底部数出这些螺线的数量则相对容易，这枚球果的两组螺线分别有 8 条和 13 条。 其他的球果，如北美乔松（上排第二个球果），则有 5 条螺线。

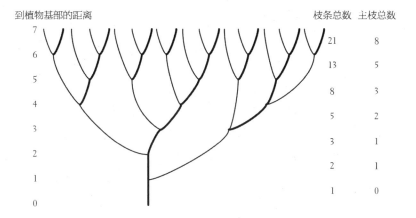

到植物基部的距离   枝条总数　主枝总数

	枝条总数	主枝总数
7	21	8
6		
5	13	5
4	8	3
3	5	2
2	3	1
1	2	1
0	1	0

图 2.15

每种植物都有其特有的分枝模式。地上的每根主枝（粗线表示）会按照一定周期、有规律地在各级（1—7）产生分枝，次生枝（细线）则隔一级才产生分杈。

恰好相对的叶子序号的差值正是斐波那契数列中的数字（如5，8，13）。这一数列也可以描述种子、花和果实的螺旋式排布。一旦开始寻找这些数字和排布规律，你会在许多植物的身上看到它们的影踪。

以常绿树木球果的鳞片为例。和花园中的被子植物不同，常绿树木的种子没有果实的包裹，而是毫无遮挡地长在球果的鳞片之间。这些鳞片呈互相交织的螺旋状；沿球果长轴和基部排布的螺旋数与斐波那契数列的数字也是吻合的（图2.14）。在冷杉的球果（图2.14，上排第三个）中，找找被描述为"老鼠尾巴尖儿"的尖刺状鳞片，它们被盖在齐整平滑的鳞片下面。这些尖刺状鳞片如此显眼，很容易分辨它们构成的螺旋图案和周边平滑鳞片构成的螺旋图案。被子植物菠萝的果实以及朝鲜蓟的花蕾，也同样呈现出裸子植物球果中的螺旋图案。

⟲ 图 2.16

大戟（上）和粟米草（下）等常见的匍匐野草在花园中沿着地面伸展，
并且不断分枝，其生长点数量都是斐波那契数。

求证：

从生的花园植物如罗勒、猫薄荷或彩叶草，地上任意高度的枝条
数量都是斐波那契数（图 2.15）。如果我们扰乱植物枝条的三维排
布，它还会维持这种斐波那契数列式的有序状态吗？花园中常见的匍
匐野草本质上是二维分枝模式，它们在演绎植物枝条的这种排布规律

方面更胜一筹。水平延伸的匍匐野草，如蓼、拉拉藤、马齿苋、粟米草和大戟，其主枝上的生长点数量也是斐波那契数（图 2.16）。在这些生长迅速的野草最初的两三枝中，选一枝剪去，几周后观察枝条的排列会相应发生什么变化。如果从一株枝繁叶茂的植株上剪去一两根顶端的分枝，又会发生什么变化？为了适应这些分枝的缺失，该植株的其他分枝将如何调整？植物顶部的枝条位置是遵从固定的、不随时间推移而改变的死板模式，还是会自我调整以补偿队列中被移除分枝的缺失？

叶子有序的生与死

随着生长季末期植物的老化，每到秋季叶柄都会与茎干分离，形成一年一次壮观的落叶，每英亩森林中都有数千磅叶子从树上落下。这一现象的发生是由什么控制的？除了老化之外，还有什么因素控制着植物叶子的凋落？

观察：
一个重要的发现与这一年度事件相关，即切除叶片会引发对应叶柄的提早脱落。如果切去菠菜或彩叶草夏叶的叶片，保留叶柄，叶柄也会很快失绿，过早变黄（图 2.17）。几天之内，黄色叶柄和绿色茎干之间就泾渭分明；这根夏天的叶柄，和十月或十一月那些衰老的秋季叶柄一样，会随风飘落到地上。这种叶子加速老化的现象，应当如何解释呢？

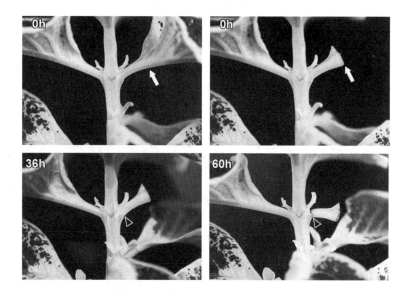

图 2.17

在右侧叶片被切除（白色箭头处）后，彩叶草的茎干和两根相对的叶柄在不同时间点（0、36 小时和 60 小时）拍摄的照片。左边的叶子和叶柄未做任何处理。主茎（黑色箭头处）上右边叶柄的脱落区，或称离区，在叶片被切除后几小时内就形成了。

　　植物生长素、细胞分裂素和赤霉酸等植物激素会促进植物器官——包括叶子——的生长并减缓它们的老化，乙烯则会中和这三种激素对叶子的作用。乙烯不但是一种植物激素，也是一度用来为温室供暖的燃气中的常见成分。大约一百年前，种植者发现，如果温室的空气中有残留的燃气，将导致叶子提前脱落。植物越成熟，其叶子对燃气中的某种物质就越敏感。对燃气的化学分析表明，这种物质实际上是乙烯。这一初步发现启动了一系列实验，目的在于验证各种相关的假说，包括乙烯如何影响植物生命，以及它如何通过与同类植物激素相互作用发挥其影响。

求证：

如果 3/4 或一半的叶片被切除，彩叶草叶柄的命运又将如何？类似植物生长素和细胞分裂素这类促进叶子生长的激素，与促进叶子老化的激素乙烯之间存在什么样的相互作用？

如果切除叶片后，立即将植物生长素糊抹在叶柄上会发生什么情况？如果过一天再涂抹又会怎样？

顶部的花朵一旦形成，植物叶子的生命周期就会相应变短。如果彩叶草和菠菜的花朵在开始形成时就被摘除，周边低处的叶子就逃过了一劫。初期的花朵越早摘除，低处的叶子就活得越久，保持绿色的时间也越长。如果持续采收菠菜的叶子（图 2.18），

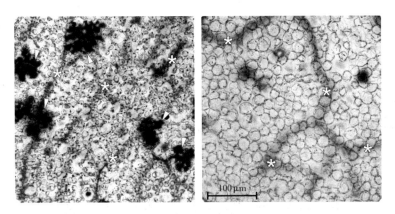

🍂 图 2.18

这两张照片，展示了菠菜叶在新绿色（左）和衰老发黄（右）的状态下，叶片细胞的不同样貌。随着不断的老化，叶片细胞会膨胀、变大并失去大部分斑块状的叶绿素。图中深色蜿蜒的通道（＊）是叶表下面木质部和韧皮部的维管束。菠菜新叶中五块颜色较深的区域（箭头处）是表皮细胞的单宁色素。

并阻止其花朵的形成，菠菜植株的生命和采收叶子的时间就能持续数周。

这种摘除顶部花芽的方法，或称"打顶"，是烟草种植者曾使用过的一种古老方法。他们通过这种手段，延长叶子的生长期，使采收的烟叶尺寸达到最大。打顶去除了植物的顶端优势和植物生长素的主要来源，而植物生长素原本会抑制茎干低处部位的生长。当这种来自顶部的抑制作用被消除，低处部位的生长便不再受限，打顶处下方叶子的生长也会陡增。来自顶端的植物生长素的减少如何激发植株低处部位的生长，具体细节仍不清楚；但最近的实验表明，当顶端没有植物生长素时，根部会产生一种物质，这种物质被输送到低处的芽，并在植物生长素、细胞分裂素和赤霉酸的共同作用下，促进这些芽的生长。

观察：

再做另一个实验，看看打顶对于菜豆或烟草低处的老叶有什么影响。这些叶子已经开始变为淡绿色和黄色。用涂改液给每片衰老变黄的叶子点一个点作为记号。看看植株上方的嫩叶和芽被摘除后，下方的老叶会发生什么变化。由于某种原因，顶端区域的去除不但会促进侧芽的生长，侧芽附近的老叶也会重获新生。

如果在秋葵的果荚变硬即木质化之前持续采摘，植株将在霜降前不断开花。但若是果荚直至硬化都被留在植株上，整棵植株很快就会停止开花，并开始落叶。

通过研究移除特定部位后植株的反应，科学家得以拼凑出植物整合多种激素的作用，促使植株所有组成部分发育的全貌。正如植物生命

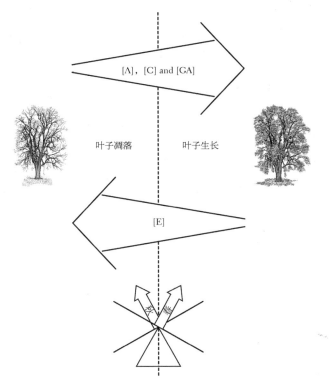

图 2.19
植物生长素（A）、细胞分裂素（C）、赤霉酸（GA）和乙烯（E）等激素在叶子中相对浓度的升降，指挥着叶子的生长、老化及脱落。这些激素水平的平衡决定了每年秋季叶子的命运。

中的其他决策一样，不同激素之间的相互作用决定了植物细胞将面临的命运（图 2.19）。通过观察植物对不同实验处理的反应，我们能够提出各种假说，而这些假说可以在新的实验中得到进一步验证。

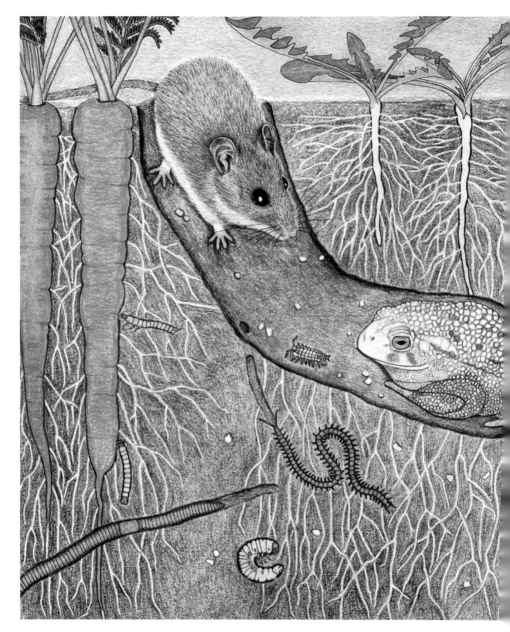

 图 3.1

老鼠、蟾蜍和木虱聚集在凉爽的"地下室"中。蚯蚓在附近土壤中穿行，为无数的根和共享土壤世界的其他生物开辟了通道。蚯蚓右边，细长而扭曲的蜈蚣正沿着通道捕猎。与此同时，画面右上方的隐翅虫抬起腹部，悄无声息地接近自己的猎物——土壤表面的昆虫。仍然是右上方，食虫虻的幼虫正在土壤中搜寻蛴螬等昆虫幼虫。蛴螬和蝉的若虫啃食着数量众多的根。磕头虫的两只幼虫则在大嚼胡萝卜。

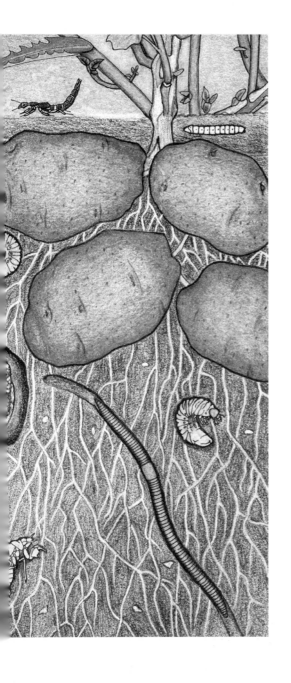

第 三 章

地下世界：鳞茎、块茎和根

植物的根——种子下胚轴的"将来时"——会在土壤中伸展出无数的分枝，搜寻水和营养素。根还会向周边土壤释放一些物质，吸引和滋养数不尽的土壤微生物，这些微生物会与根结合，帮助产生更多有效且可被植物吸收的土壤营养素。水和营养素通常会通过"管道"被向上输送，滋养植物的地上器官，但一部分来自土壤的营养及植物的地上部分产生的营养也会被储存在地下的根、鳞茎和块茎中。植物的这些地下器官就是隐藏于地下不可见的那部分花园食材。

马铃薯、胡萝卜、蔓菁、芜菁甘蓝、洋葱和大蒜的叶子吸收的太阳能大部分被用于生成根、鳞茎和块茎，我们食用它们来获得这些被储存的能量和营养。为什么一种蔬菜收割块茎，另一种采收鳞茎，第三种收割的却是根部？采收的部位取决于植株储藏大部分能量的部位以及芽所在的位置。当新植株开始形成时，这些被储藏的能量都会被输送到芽点。虽然都生活在地下，鳞茎和块茎可不是真正的根。鳞茎是被地下叶簇拥着的短茎干，而大多数块茎则是乔装打扮成根的地下茎，在适当的条件下，它们也能萌发出自己的根。

根惊人的生长速度

根的生长速度令人瞠目。有一次，某位科学家决定研究一下黑麦种子的根能生长得多快多长。播种四个月后，他洗去根上所有的土壤，开始进行一项令他近乎崩溃的任务：清点根的数量并测量每一缕根的长度。他发现在这段不算长的时间里，这棵黑麦伸展出了1500万缕根，而这些根的总长度达到380英里。如果把覆盖这些根的细微根毛（如图1.7所示）也算在内的话，根的总长度将飙升至7000英里。

观察：

我们可以记录一下黑麦种子初生根从开始到完全覆盖培养皿的时间。把一粒种子放在培养皿中心，培养皿底部铺上湿润的滤纸。根的目的地是培养皿的边缘。不到一天，初生根就会萌发并开始它们的旅程（图3.2）。哪粒黑麦种子的根生长得最快，行经路线最直，能最早到达目的地呢？

求证：

根藏身于黑暗狭小的空间，我们对它

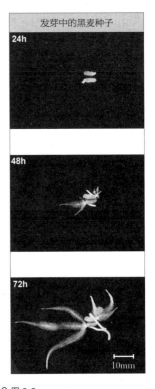

发芽中的黑麦种子

24h

48h

72h

10mm

◐ 图 3.2
两粒黑麦种子的根及根毛在三天时间里迅速地生长。

们的地下生活几乎一无所知。 一些科学家现在搜集到的证据表明，植物不但能分辨根是否来自同类，而且还会积极抑制非同类的根的生长。 在三个培养皿内分别铺上湿润的滤纸。 在其中两个培养皿的中心各放一粒黑麦种子，另三粒黑麦种子一起放在第三个培养皿的中心。 把两粒早熟禾的种子放在第一个培养皿的黑麦种子旁边，两粒大麦种子放在第二个培养皿的黑麦种子旁边。 不同种植物种子长出的根之间会互相接触吗？ 当有同种植物或其他种类的植物存在时，根的生长分别会受到什么样的影响？

鳞茎、块茎和根：无需种子的新生命

植物的鳞茎、块茎和根通常被我们称为根用蔬菜，虽然它们之中真正是根的只有胡萝卜、欧防风、甜菜、蔓菁、芜菁甘蓝和萝卜。但所有的根菜都是植物的地下器官，它们储藏着光合作用产生的多余糖类。 马铃薯和番薯主要以淀粉的形式储藏多余的糖类。 淀粉是许多单糖串在一起的链状化合物，或者说聚合物。 整棵植株需要能量时，会从这些地下储备库中汲取营养，将长链的淀粉打散为较小的单糖分子并输送给高耗能的芽。 真正的根菜以及葱属的鳞茎（如大蒜、洋葱和韭葱）在夏末只会存储一点点淀粉，主要积聚的还是糖类。

大部分根、鳞茎和块茎是二年生或多年生植物的器官，它们用根储存糖类，不但在第一年冬天如此，后续的冬天也是如此。 在每个生长季末期，地下部分存储的无论是糖类或淀粉，来年都将供给地上部分，用作生长和开花的能量。

秋天，植物的韧皮部通道会将淀粉和糖类输送到地下储藏过冬。早春，当植物的芽迅速膨大、展叶现蕾时，这些储藏在根部、鳞茎和块茎的薄壁组织（parenchyma）中的储备能量会通过维管系统输送到地上高耗能的芽那里。植物维管系统的木质部和韧皮部细胞通常分工明确。细长中空的木质部细胞是输送来自土壤的水和矿物质营养的管道，而韧皮部是运送糖类的管道，这些糖类来自进行光合作用的植物部位。但在春天，木质部细胞也会运输糖类。每年春天，加拿大的人们用木桶收集糖槭汁液。这种甜甜的汁液就是通过树的木质部管道从根部输送上来的。同样，在夏末和秋季，韧皮部细胞也会运送大量的水和营养素，以供植物挂果结籽所需。当植物的维管系统接到特殊需求时，木质部通道和韧皮部通道会通过特殊细胞交换承载的货物，这种特殊细胞被称为传递细胞，它们连接着这两类通道。

观察：

一种包含碘（I）和碘化钾（KI）的特殊溶液（I-KI）被用作植物细胞中所含淀粉的特殊着色剂。这种溶液被称作鲁氏碘液，在生物用品公司有售。用锋利的小刀或单面剃须刀片切一片薄薄的植物组织。在新切下的组织上滴足够多的 I-KI，以覆盖将要观察的组织区域。如果其中含有淀粉，它们就会被染成棕色或蓝黑色，在细胞中呈离散的颗粒状（图 3.3）。用自来水将这些植物组织切片冲洗干净，放在载玻片上，再将一片薄玻璃片盖在染色的组织上，用显微镜观察单个细胞。无论淀粉颗粒在何处出现，它们都存在于专门用于储藏淀粉的叶绿体中，这些叶绿体被称为淀粉体。当植株某处需要糖类时，淀粉体会把储存的淀粉颗粒重新转化成糖，输送到正在发育

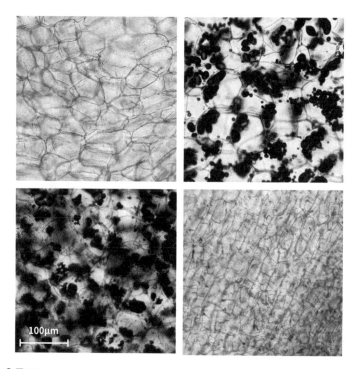

100μm

◯ 图 3.3
蔓菁根部（左上）、马铃薯块茎（右上）、番薯块茎（左下）和胡萝卜根部（右下）薄切片中染色的淀粉。这些植物的薄壁组织专门用于储存淀粉和糖类。

的芽和分生组织那里，即那些最需要它们的地方。

不同植物的根、鳞茎和块茎用 I-KI 染色后，着色深浅比较起来如何？哪种蔬菜淀粉含量最高，哪一种又最甜呢？

有些根、鳞茎和块茎储藏后风味更佳，有些却会因储藏而失去风味。当种子开始萌发，根、鳞茎和块茎开始抽芽时，细胞里的储备营养会流通起来，为它们新一波的生长助力。根菜保持最佳风味甚至风味增强的最佳环境条件是什么？随着储藏时间的推移，细胞中淀粉和糖类的平衡也在发生改变，根菜味道的变化是否反映了细胞中淀粉颗粒和淀粉体的减少或增加？

数个世代以来，许多园丁在冬月里都会用黑暗隔热的地窖储藏收割下来的根、鳞茎和块茎。经过多年经验的累积，农夫和园丁已经掌握了每种蔬菜长时间储藏的最佳条件。将根菜（胡萝卜、欧防风、甜菜、蔓菁和芜菁甘蓝）顶部的茎叶只留一英寸或半英寸的长度，可以让叶子不间断的蒸腾作用降到最低，有助于在储藏期间保持它们清脆的口感。根菜最好冷藏（1—4℃），但温度不要低至冰点。它们在1℃储藏最佳，但储藏马铃薯时，低于3℃就会失去风味。储藏番薯的最佳温度是12—16℃。洋葱在4—10℃储藏最佳。但马铃薯和洋葱不能一起储藏：马铃薯会染上洋葱的气味，而洋葱会由于吸收马铃薯蒸腾的水分而腐烂。把成熟的苹果和马铃薯、番薯放在一起储藏，可以防止后两者抽芽。成熟水果会散发哪种激素，影响块茎抽芽？答案将在图4.15中揭晓。但如果附近有胡萝卜，成熟苹果散发的这种激素会诱使胡萝卜生成一种化合物，导致它的味道变苦。基于早年间园丁的实验和经验，人们确立了一整套冬天储藏根菜并保持最佳风味的理想条件。

求证：

真正的根菜——胡萝卜、甜菜、欧防风、蔓菁和芜菁甘蓝——都源自对种子的播植。马铃薯、番薯、大蒜和洋葱也会结籽，但几乎没人会播下它们的种子。一方面，是因为上述四种蔬菜以种子播植时，收获需要的时间过长。大蒜和洋葱一般用蒜瓣或小鳞茎种植，而马铃薯和番薯一般用小块茎或新生嫩芽种植。并且，大蒜、洋葱、马铃薯和番薯的新植株都来自通常数量众多的分生芽，这些芽镶嵌在它们的鳞茎和块茎上。而对于真正的根菜，种子的发芽比芽眼萌芽容易许多，新植株诞生自唯一的顶芽。

马铃薯块茎是膨大的地下茎。和地上茎干一样，这些地下茎的表面上也分布着许多芽。受光后，马铃薯块茎会变成和地上茎干一样的绿色。每个马铃薯块茎都有呼吸孔，被称为皮孔，其地上茎干也有同样的呼吸孔。所有这些马铃薯块茎的特征都表明它们是生活在地下的茎干，只不过储藏了无数的淀粉颗粒。

沿长轴切开一个马铃薯，另一个则沿短轴切开（图3.4）。在富含淀粉的发白的"背景"映衬下，可以看到每个马铃薯沿长轴方向有一块较明显的核心组织。这就是地下茎的中心部分，或称维管系统。就像地上植株的每个芽都与植株主茎的传输管道相连一样，这个中央通道也发散出一束束维管组织分枝，与马铃薯的每个芽相连。

洋葱、大蒜和韭葱既不是块茎，也不是根。我们食用的富含能量的部位被称为鳞茎（图3.5）。洋葱鳞茎主要由无色的特殊叶子组成，这种叶子被称为鳞叶，它们一圈圈地包裹在位于中心的茎和顶芽外面。这个顶芽实际上是被防护性鳞叶包围着的地下芽。特殊的鳞叶一圈圈地包围着洋葱或韭葱鳞茎的中心芽，这种形式与其他植物的叶子围绕一个圆柱状的茎并以此为中心的排布方式很像。茎的基部都会生发出一组根。至于大蒜鳞茎，它的中心茎干萌发生成了数个侧芽，即一个母球产生数个子球，子球被称为蒜瓣，每个子球又会从基部萌发出一根茎干，之后产生下一代子球。

根、鳞茎和块茎具有产生全新完整植株的能力，完全不需要种

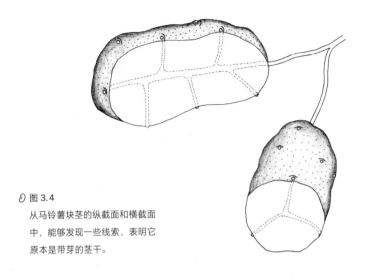

⟲ 图 3.4

图 3.4
从马铃薯块茎的纵截面和横截面
中，能够发现一些线索，表明它
原本是带芽的茎干。

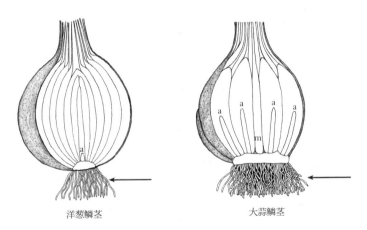

洋葱鳞茎   大蒜鳞茎

⟲ 图 3.5
左图：把洋葱鳞茎从中间切开，可以看到不含叶绿素的叶子（鳞叶）。它们是以
同心圆的方式，围绕着中心短茎、顶芽（a）及其基部根系（箭头处）排布的。
右图：大蒜鳞茎实际上是一组蒜瓣，它们都是最早出现并位于中心的茎干（m）
产生的侧芽。每个子球都有自己的中心茎干、顶芽（a）和基部根系（箭头处）。

子的参与。它们都有由干细胞组成的特殊部位，干细胞是全能的（totipotent），也就是说，它们能够形成植物的所有器官（包括地上的和地下的），虽然它们起初只是植物的地下器官。块茎、根和鳞茎中，全能干细胞的排布有何不同？能长成新植株的最小部分又是什么？

通过根部通道输送水和营养素

和所有活跃细胞一样，活跃的植物根细胞含有许多相对浓度很高的不同化学物质，包括矿物质营养、维生素、糖类、蛋白质和核酸，它们都溶解在相对较少的水中。当根细胞从土壤中吸收营养时，它们的细胞膜会消耗能量将矿物质营养从细胞外部压入细胞内部。在周边土壤中，矿物质营养溶解在体积相对较大的水中，浓度要低得多。而水会从其含量较高的土壤穿过根细胞的细胞膜，进入水分含量较低的区域。水就这样通过渗透作用（osmosis）被"推进"根细胞（图3.6）。虽然活跃的根细胞允许水的自由出入，它们的细胞膜却会有选择地阻止其他化学物质向外移动。随着水的摄入，这些植物细胞膨胀变大，直到水压或称膨压（turgor pressure）将水挤入邻近细胞。植物细胞正常的膨压使植物组织脆嫩饱满；它会撑起细胞壁，使细胞增大。当植物组织中的细胞膨压减小时，水不再对细胞壁施加压力，组织就会无力、发蔫和皱缩。当蔫了的植物细胞再次被置于水中时，水会通过渗透作用进入缺水细胞，每个细胞得以重新在细胞壁当中舒展开来。

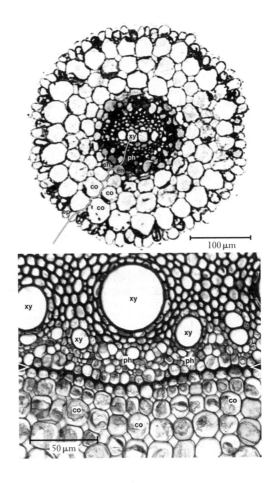

100 μm

50 μm

◊ 图 3.6

上图：这张萝卜幼苗根部的切面图，让我们得以在细胞层面一窥水通过渗透作用从土壤移动到根部中心传输水的木质部导管（xy）的图景。蜿蜒的曲线标记出的是水行经的无数路径之一。有些水也会通过连接细胞的微通道从一个细胞进入另一个细胞。水通过渗透作用穿过最外部的表皮细胞（ep），穿行和流过皮质细胞（co），最后到达被称为内皮层（endodermis）的那一圈细胞。下图：内皮层（箭头处）细胞的细胞壁光滑厚实，能够阻碍细胞周边和细胞之间水和营养素的自由流动。内皮层是根部维管系统的看门人，液体传输必须通过它们，无法绕行。来自土壤的水先流经并穿行于皮质细胞（co）之间，再到达这一层细胞，渗透作用再次驱使它穿过内皮层细胞，之后特殊的膜蛋白会有选择地输送或排出特定的矿物质营养素。穿过内皮层细胞后，水绕过韧皮部细胞（ph），去往根部中心中空多孔的木质部传输细胞（xy）。

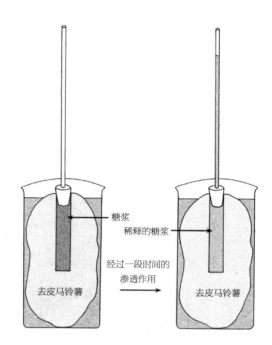

糖浆

稀释的糖浆

经过一段时间的
渗透作用

去皮马铃薯

去皮马铃薯

观察：

　　帮助水从地下土壤进入地上叶子的"推进力"是根压，我们可以
将其形象地演示出来。将去皮的马铃薯块茎放在纯水中，再将一些糖
浆倒入马铃薯中心挖空的洞里，用大小合适的单孔塞塞住洞口，在塞
子中央再插一根细玻璃管（图 3.7）。去除马铃薯外皮，是因为最外
层细胞会阻碍水流进入块茎。玻璃管模拟了传输水的木质部管道，浸
在装水烧杯里的马铃薯模拟的是被土壤里的水包围的植物根部。水通
过渗透作用从其浓度较高的烧杯，先逐步进入其浓度较低的马铃薯块
茎外围细胞，之后再进入其浓度更低的块茎中心。到了这里，水被置
换，块茎中央如糖浆般的高浓度的糖类和矿物质降低了它的浓度。在
马铃薯中央倒入玉米糖浆，是为了模拟根部中央韧皮部和木质部维管

传输细胞中常有的高浓度糖类和矿物质。玻璃管中液柱的升高，反映的是水受到的"推动力"。玻璃管中水柱上升的速度有多快？水柱何时将不再升高？在玻璃管中升高的水柱产生的压力会促使水开始流出马铃薯，流出速度最终会与水进入马铃薯的速度达到一致。

观察：

凉爽湿润的夜晚过后，早晨叶子边缘的水滴显露出植物根部增强的渗透压。在湿润的夜晚，当根压累积到某一数值后，不像白天在叶表发生蒸腾作用（transpiration，参见第六章）那样，以蒸汽形式挥发，而是将植物的汁液以液态形式挤压出叶表。这种汁液的成分中不但有水，还有根从土壤中吸收的各种矿物质或化学物质，甚至杀虫剂。到了晚上，叶子的孔隙或称气孔会关闭，当天的蒸腾作用因而告一段落，蒸发也停止了，水蒸气不再产生。也就是说，不再有叶子通过无数气孔蒸发水分，拉动木质部导管向上输送水分。夜晚汁液的向上输送，是地下的根压使然，而非水在地上部分的蒸发。

这种液滴式的汁液在叶子边缘某些特定位置渗出，常常被误认为是晨露（图3.8）。在黑麦一类的禾本科小苗的叶子上，这些叶尖出现的汁液呈现浑圆的珍珠状。而晨露的形状并非如此，它是周遭空气冷凝产生的，会均匀地覆盖于凉爽的叶子表面。露水的成分是纯水，不像被根压挤出叶子的木质部汁液那样含有矿物质或其他化学物质。

这些植物展示的这种现象被称为吐水（guttation）。在这类环境条件下，根压会将水从特定植物叶子边缘的特殊腺体中挤出。这些腺体被称为排水器（hydathodes）；在凉爽潮湿的早晨，如果留意一下那些发生吐水现象的花园植物，会发现它们的排水器在叶子上的位

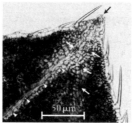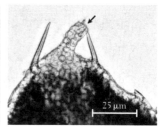

◯ 图 3.8

左：在凉爽湿润的夏日清晨，草莓木质部汁液从叶尖上的排水器中渗出（图片来自 Getty Images 网站，摄影者为埃德·雷施克）。中、右：排水器（黑色箭头所指处）是叶脉（白色三角所指）末端细胞的一种特殊排布方式，汁液通过它们从叶脉渗到叶表。图中白色箭头标出的是叶子的部分气孔。

置由于水滴的排布看起来特别清楚。 这些排水器的作用相当于木质部汁液的释压阀。 在这些花园植物中，草莓、葡萄、番茄、禾本科植物和月季的叶子的吐水现象最为明显。

求证：

近距离观察吐水过程，可以更好地理解植物如何通过维管系统的木质部导管运送水和营养素。 草莓植株展示的吐水作用最为明显；黑麦小苗和番茄植株也是上佳的实验对象，它们在夏日的夜晚很容易发生吐水。 什么样的环境条件会促发吐水？ 与其等待室外出现适宜的环境条件，还不如试着将盆栽植物置于各种土壤和空气条件下，看看番茄、草莓或黑麦的叶子是否会吐水。 由于吐水反映的是木质部导管受到的根压，如果根压增加，叶子的吐水应该会加剧。 任何能提高根压的环境条件，应该也可以加剧吐水现象。

（1）往一棵植物的盆土里加一茶匙肥料，提高土壤的矿物质营养素浓度，另一盆不加。把两棵植物放在室外，每天早上查看，直到黑麦小苗的叶尖或草莓、番茄的叶缘上出现水滴。什么样的温度条件会促使吐水发生？（2）给一盆植物额外浇水以增加土壤湿度，另一盆不浇。把这两盆植物放在户外，直到某个早晨叶边出现水滴。这次是什么样的特殊条件引发了吐水？（3）将两棵番茄、两棵草莓或两棵黑麦小苗放在阳光下，度过炎热的一天后，把一棵留在室外，另一棵搬进有空调的房间。如果室外温度降低 10 度会发生什么？空调房间的湿度对吐水过程又会有什么样的影响？（4）较小的新叶和较大的老叶发生的吐水作用是否有差别？

观察：

土壤中的水和营养素通过特定通道一路抵达它们的目的地：叶、花或果。这些通道由中空的厚壁细胞首尾相连排列而成，从根尖一直延伸到叶尖，很像管道线。这些长长的圆柱形细胞末端没有细胞壁，也没有内容物，只有坚硬的侧壁，它们构成中空的管道，专为完成将汁液从根输送到植株地上部分的工作。把芹菜茎干的基部放置在用鲜艳的食用色素染色的营养液中，通过这种演示装置，你就可以追踪水和营养素的输送路径。

待染色溶液到达芹菜茎干顶部的叶子后，剪下茎干，寻找颜色集中的位置。这些地方就是引导水和营养素从土壤到达地上的叶、茎、花和果的"管道线"。

不同蔬菜根部的木质部管道线各有不同。通过食用色素着色，可以凸显出引导水和营养素从土壤到达植物各器官的木质部管道，也可以看出这些管道的布局各有特点。把胡萝卜、萝卜、蔓菁或甜菜

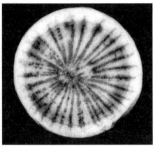

◐ 图 3.9

深色食用染色剂沿着甜菜根部同心排布的水输导管道行进（左图）。染料在蔓菁根部
中心的木质部水输导管道中穿行（右图），它在胡萝卜根部行进的路线参见图 2.5。

的根放在蓝色溶液中。几小时后，洗去每种根表面的颜色，再用锋
利的小刀把它们沿横向和纵向切开。吸收染料而显现出的根部染色
图案，让我们对它们木质部管道线布局一目了然（图 3.9）。

　　萝卜和蔓菁隶属于常见的甘蓝十字花科，所以我们可以预测它们
传输水分的管道有类似的排布方式。当蔓菁或萝卜的根尖被放在染
液中数小时后，染料行经的路径与水和营养素从土壤抵达蔓菁和萝卜
植株各部位所走的路径是相同的。

　　蔬菜根部的分生组织形成层细胞会向内外两个方向分裂：不但会
在形成层产生更多类似自身的未特化干细胞，而且还会向根部外侧产
生特化的韧皮部细胞，向根部中心产生另一种特化的木质部细胞，后
者可以从土壤向上传输水和营养。蔓菁、萝卜和胡萝卜的根部都有
一个这样的形成层干细胞环（图 2.5）。

　　来自藜科的甜菜植物就比较特立独行了。甜菜和它的亲戚厚皮
菜不但所含色素的化学成分与其他大部分蔬菜不同，输送水和营养素

的根部通道布局方式也不太一样。从甜菜根的同心环能够看出它的年龄——就像树的年轮会透露树龄一样。这些同心环以周为单位增加，是细胞交替生长产生的。根龄越老，根径就越大，同心环就越多。就甜菜根而言，它的形成层干细胞以多层同心环的形式存在，这些环彼此之间被运送营养的特化细胞（木质部和韧皮部）以及专门储存营养的薄壁组织细胞分隔开来。每一个环中的干细胞，向根部外围分裂时形成从地上叶子向下运送糖类的特化的韧皮部细胞，而向根部中心分裂时则形成特化的木质部细胞，从土壤向上运送水和营养素。

观察：

向上运送水和营养素的传输管道由死去的中空细胞构成，它们的细胞壁起到管道线的作用（图 3.10）。木质部细胞首尾相接构成中空长管，沿着根和茎的长轴方向并行排布呈束状，彼此之间依靠被称为纹孔（pit）的孔隙保持在纵向和横向相通，这样一来，假如空气或入侵真菌堵塞了其中一条通道，植物仍可转而使用另一条或多条新通道来进行水分的输送。

在明媚的春日和炎热的夏日，汁液在植物木质部导管向上的输送有何异同？早春时，初叶尚未展开，水分无法经由气孔排出。而在夏日，随着水分从叶表蒸发，更多的水会沿着木质部管道被向上拉动。中空的木质部管道从根尖延伸到叶尖，其中的水将沿着整个植株的高度上升。（有关水的大量运送和从叶表的蒸发，我们会在第六章进行讨论。）木质部通道顶端的蒸腾作用导致植株顶端的水被移除，进而拉动下方的水向上输送，这和喝水时水沿着整根吸管上升，道理是完全一样的。

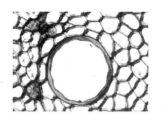

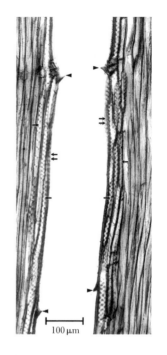

🔊 图 3.10

左图：在栎树树干的横截面中，中空木质部导管尺寸较大，在较小的中空管胞当中显得十分显眼。右图：从树干纵切面中可以看出，较大的中空导管和较小的中空管胞首尾相连、并肩排列，就像平行的管道线，引导水流沿着根和茎干向上输送。管道线上导管细胞之间的细胞壁已经溶解（三角处标示残存的细胞横壁），形成了一条连绵不断的垂直管道。较细长的传输细胞被称为管胞，它们包围着大的导管细胞，两头呈锥形。大量纹孔（单箭头处）分布在管胞的整个长度方向，将管胞连接起来。导管细胞也有纹孔（双箭头处），它们位于细胞的侧面。蕨类和松树、云杉等裸子植物没有导管细胞，管胞是木质部唯一的输导细胞。

100 μm

　　在生长季，气孔随着蒸腾作用一开一关，水通过数不清的气孔从叶表蒸发，含有水和土壤营养素的汁液会沿着木质部导管从根部被吸上来。同样在生长季，叶子光合作用产生的糖类也会通过韧皮部细胞被输送到植物各处。到了秋天，这些糖类被向下输送，以淀粉形式储藏在根部。春天，当储藏在地下的淀粉被转化为糖，植物茎干中的输送管道必须将糖类运送到上方；每年只有在这个时节，树木才会通过木质部导管将糖和汁液向上运送。人们用来做枫糖浆的汁液也正是在每年春天从槭树的木质部导管中抽取出来的。

　　连续经过数个寒冰的夜晚之后，温暖的春天终于来临，槭树的汁液开始在其体内自由流淌。当然，并非所有植物都是如此。比如杨树、榆树、白蜡和栎树，它们的汁液都不会在温暖的春日流动。科学家们猜测，这是它们木质部管道结构的差异导致的。槭树木质部导管中满满的树液会在天黑后变凉，导管中的气体（比如二氧化碳）这时会溶入温度较低的汁液里，使气压降低，而汁液中的糖类和气体浓度的升高会通过渗透作用将水从周围细胞吸回根尖。当夜晚气温持续降低，中空导管中的水最终将冻结，其中溶解的气体会被进一步压缩。等到第二天的阳光使导管升温，汁液会化冻并释放被溶解的气体，气体体积增加，造成木质部管道内的气压升高，使得汁液再次向上流动。

　　冻结和化冻的循环往复在槭树叶子还未形成的春天，对于驱动汁液的流动是必需的。早春，在芽膨大、叶子开始舒展之前，修短不同树木的枝条末端，包括槭树的枝条。观察被修短的末端何时有汁液滴落。树木展叶后，再次修剪这些树的枝条末端，看汁液是否会流出来。气温高于冰点的夜晚之后的温暖白天，槭树汁液并不会被推动着在树木内部流动。显然槭树的根压不够高，不足以推动汁液从枝条切口中流出，但单凭根压，是否可以使其他一些植物的汁液流动？

　　如果在这个季节修剪桦树枝或葡萄的藤条，会出现什么情况？桦树和葡萄根部的细胞在早春的高渗透压会迫使汁液流出，正如夏夜里它们的根压会促使吐水现象发生。葡萄藤或桦树枝条切口流出的汁液流量大且流速稳定，在两三分钟里就可以收集一杯，这种经过根细胞过滤的高纯汁液含有蔗糖，所以味道有点甜，并因为含有矿物质营养素（如钾、钙、镁、钠和锰）、简单有机酸（如苹果酸、柠檬酸和琥珀酸）以及多种氨基酸而别具风味。在许多树林和荒废的田地里，野葡萄多到可算作杂草。不妨在春天用它们的汁液制成饮料，不但口感清新独特，而且富有营养。

图 4.1

在一棵南瓜的花和茎干丛中，藏着老鼠、蟾蜍、传粉者、益虫、害虫，还长着几株杂草。和图中的两只蜜蜂（左中和左上）一样，身披彩衣的南瓜藤透翅蛾（右中）会为南瓜传粉，但这种蛾的幼虫会沿着南瓜茎干一路啃蛀，身后留下一堆枯萎的茎干和叶子。螳螂（右上）与狼蛛（螳螂的正下方）和长足虻（左下，南瓜果实上）一样，都是鬼鬼祟祟的捕猎者——通常行动极为迅速。在螳螂的右边，一只蠓刚从花园土壤中钻出来，数周以来它都在辛勤地回收利用植物沉积物（在无数的土壤真菌帮助下完成，其中之一立于左下角）。在它右下方那两棵高大的杂草是刺黄花稔，与棉花和秋葵同属锦葵科。

第 四 章

从开花到结果
的历程

这一季植株上覆满的花朵，下一季就会转变为引人注目的果实。结构简单的花蕾里含有未来花朵的所有基本结构（图4.2），结构简单的种子中包含着整棵植株的所有基本结构（图1.2），如果仔细检视一朵花，你也会发现它们包含着未来果实的所有原始结构（图4.7）。当来自花朵雄蕊的花粉粒与雌蕊结合时，多汁的番茄、爽脆的南瓜、清甜的豌豆荚就开始慢慢成形，这一过程被称为传粉。

了解这些雄性及雌性花朵结构的最初起源和最终命运，会极大地丰富我们对花朵传粉过程中所发生事件的认知。正是这个了不起的过程，使得果实、种子以及植物新世代的诞生成为可能。

当花粉粒，或者说未成熟的雄配子体，与雌蕊——花朵中包含雌配子体的部位——相遇时，从花朵到果实的蜕变之旅就起航了。图4.3和图4.4展示了这一漫长旅程中的部分早期步骤。开始这段旅程前，雄蕊中的每个花粉粒必须由小孢子转变为雄配子体（图4.3上排）；而雌蕊中的大孢子必须转化为雌配子体（图4.3下排）。要完成传粉，首先花粉粒（小孢子）要想方设法到达花朵雌蕊顶部的黏性

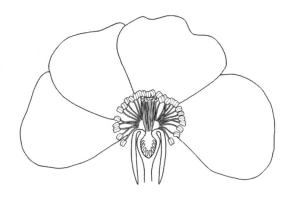

○ 图 4.2

结构简单的花蕾（左）中包含
着未来花朵的所有结构。月季
花的雄蕊中有雄配子体，雌蕊
中则包含雌配子体。来自雄配
子体的精细胞和来自雌配子体
的卵细胞结合后，会形成未来
植株的第一个细胞。

部位，在那里它会分裂并形成雄配子体；雄
配子体会不断生长，直到抵达雌蕊基部，而
雌配子体正位于基部被称为胚珠的小室中
（图 4.4）。

　　花朵中的每颗胚珠都将变身为一粒种
子，而它外层的珠被也注定成为种皮。每
个胚珠中的雌配子体由 7 个细胞组成，其中
包含 8 个细胞核；正常情况下，每个细胞只
有一个细胞核，包含该细胞所有的遗传信
息。但雌配子体里最大的那个细胞，也称
中央细胞，有两个细胞核。这两个细胞核
被称为极核。传粉完成后，雌配子体的这
些细胞会与雄配子体的细胞结合，种子里的
胚和营养丰富的胚乳就此形成，它们都被包
裹在种皮中。

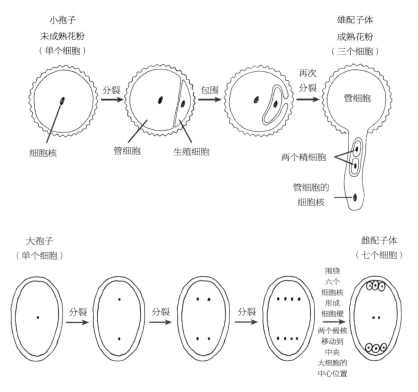

◯ 图 4.3

上排：从小孢子到雄配子体的转变过程发生在花朵内部。花粉粒的生命历程从单个
细胞（小孢子）开始，最终产生三个细胞，总称雄配子体。图中细胞的细胞核都以
黑点表示。下排：从大孢子到雌配子体的转变历程也发生在花朵内部。在雌蕊基部
的胚珠中，大孢子开始只是一个细胞，最终分裂为七个细胞，总称雌配子体。

　　一旦接触到雌蕊的黏性表面，花粉粒就会长出花粉管，花粉管
从雌蕊顶部一路生长，直到与雌蕊基部的胚珠融合（图 4.4）。在每
个未成熟的花粉粒或称小孢子中，起初的单个细胞会不均匀地分裂为
一个较小的生殖细胞和一个较大的管细胞。管细胞会包围较小的生
殖细胞，而后较小的生殖细胞再次分裂形成两个精细胞。较大的管

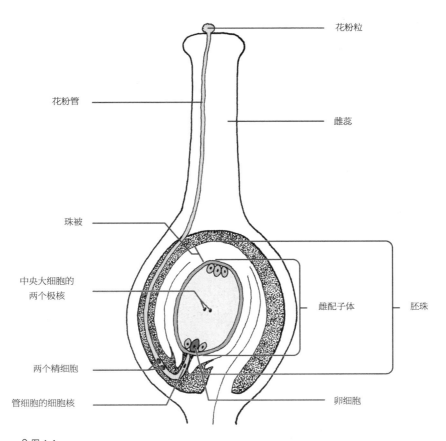

花粉粒

花粉管

雌蕊

珠被

中央大细胞的
两个极核

雌配子体

胚珠

两个精细胞

管细胞的细胞核

卵细胞

⟲ 图 4.4

传粉在花粉粒接触雌蕊表面时发生，而受精是在雌配子体与雄配子体的
两个精细胞相遇时发生的。

细胞作为先锋，为两个精细胞开拓去往胚珠的道路。一旦到达胚珠，
管细胞也就完成了它的历史使命，而两个精细胞的任务才刚刚开始。

每根花粉管都由三个细胞组成：管细胞以及由它包裹并运往胚珠
的两个精细胞。其中一个精细胞会与卵细胞融合，产生新植物的胚；
另一个则会与胚珠中央大细胞的两个极核结合，产生一种营养组织。

所有被子植物种子里都含有这种组织，它被称为胚乳，不仅能为胚提供营养，通常还会在种子萌发阶段最具挑战性的生长初期为植株提供营养。胚珠在与花粉管中的两个精细胞融合后，才会变为种子。菜豆、花生和苹果的种子，在萌发前胚就耗尽了胚乳的所有营养（图1.2 和图1.3）；但其他种子——如辣椒、黑麦和玉米（图1.4）——发芽时还留有足够的胚乳，可以继续为新生幼苗提供营养。

花粉会想方设法落到花朵雌蕊的黏性表面上，有时它们通过风来传播，比如玉米、小麦或黑麦就是如此，但多数情况下它们借助的是飞虫、蜂鸟或蝙蝠的力量。传粉通常更多地带有植物主观操控的色彩，而不是从雄蕊到雌蕊的消极传播。就某些植物而言，比如番茄、茄子、马铃薯、蓝莓和越橘，它们的花粉被困在管状的雄蕊中，这些雄蕊紧紧地"抓住"花粉粒，风和飞虫都对它们无能为力。在这些花粉粒到达雌蕊并开启传粉过程前，它们必须被有力地从雄蕊上摇落，蜜蜂的振翅就是达成这一结果的最佳途径之一。这种特殊的传粉过程被称为振翅传粉或声波传粉。人们利用超声波清洗附着在玻璃器皿、眼镜和珠宝上的微粒和污垢，和振翅传粉的原理是类似的。这种振翅的平均频率是大约每秒270次（270赫兹），雄蕊受到极为剧烈的震动，花粉粒从而顺利地脱困。这样一来，蜜蜂获得了垂涎已久的花粉和花蜜，而这些花的花粉也终于得以自由地落到雌蕊上，开启它们的终极旅程。

观察：

近距离观察花园中各种不同的花，留意雄蕊各异的形态。有些圆胖，栖于被称为花丝的长梗之上（如图4.2 中的月季花以及图4.7 中的豌豆花）；其他的呈管状，没有明显的花丝（如图4.5 中的三种

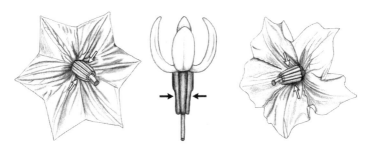

◌ 图 4.5

有些花的花粉被困在管状雄蕊（箭头处）中，必须依靠到访蜜蜂的振翅声
才能掉落。这类花的雄蕊包围着位于中心的一根雌蕊。对于杜鹃花科的一
些植物——如越橘（中）——以及茄子、马铃薯这样的茄科植物而言，振
翅传粉可能是唯一的传粉方式——至少是最有效的方式。

花以及图 4.7 中的番茄花）。哪些花朵雄蕊上的花粉呈粉末状，又是
哪些花朵，雄蕊表面光滑而花粉粒不明显？蝴蝶、甲虫、蝇类、胡蜂
和蜜蜂传粉时，是否对其中某一类花朵有所偏爱？

要到达它的目的地胚珠，花粉管行经的距离，可能会像甜菜和番
茄的花那样短到不过几分之一英寸，也可能会像玉米花那样长达几英
尺——那些玉米须就是它们长得不可思议的雌蕊。花粉管的旅程可
能只需几小时，也可能历经数月。然而它们完成这一旅程的时间并
不总是取决于行进距离的长短。

花粉与雌蕊的相遇

观察：

南瓜和西葫芦在盛花期会绽放大量花朵，此时的它们很适合作为

实验对象，解释花粉如何一路从雌蕊顶端到达底端而不会迷失。与一般花园植物不同，南瓜有一个特殊的属性：它们有两种花，一种只产生雄蕊和花粉，即雄花，而另一种只产生雌蕊和果实，即雌花（图 4.1）。

你可以配制一种特别的花粉培养基，模拟花粉粒的旅程。用水、蔗糖、蜂蜜、硼酸以及少许酵母粉即可完成配制。以下为精确的配方：

2 克蔗糖

1.4 克蜂蜜

3 小块硼酸

一抹马麦牌脱浓缩酵母膏（大约 1 平方厘米）

40 毫升蒸馏水

从南瓜的雄花上取下数百粒黄色花粉，将它们撒在预先装好上述培养基的培养皿底部。让它们在新环境中适应约 10 分钟，观察有无任何变化。然后将一枚雌蕊平放在培养皿中央。在接下来的数分钟至数小时，观察花粉对放在它们中间的雌蕊有何反应。

过多久花粉粒会萌发出花粉管？它们能长到多长？正在生长的花粉管会影响附近其他的花粉管吗？花粉管之间会彼此重叠还是互相避让？它们的生长与萝卜幼苗初生根上那些根毛的生长有何相似之处？如果放置多个雌蕊，雄性花粉管会做何反应？通过观察培养皿中花粉和雌蕊的变化，推断一下在花园中完成传粉后的花朵在转变为果实的过程中发生了些什么。

图 4.6 中的花粉照片揭示了植物的隐藏之美。正如约翰·缪尔

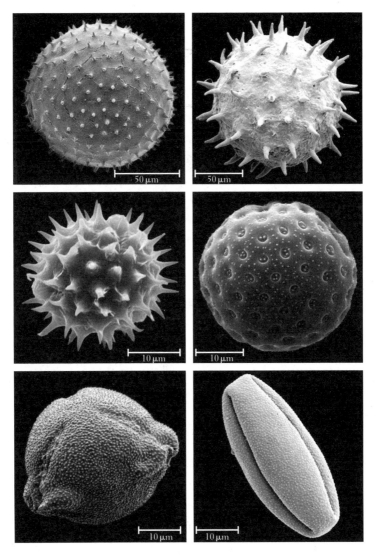

🖊 图 4.6

用电子扫描显微镜拍摄的花粉粒照片，这些花粉粒来自六种代表性花园蔬菜，它们分属六个不同的科。从左至右，上排：西葫芦和秋葵；中排：向日葵和菠菜；下排：菜豆和红辣椒。

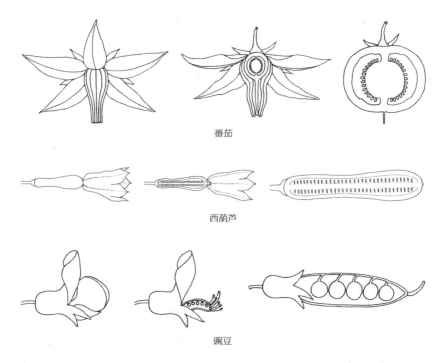

番茄

西葫芦

豌豆

◗ 图 4.7
传粉开启了从花到果的历程。从花到果的转变非常显著，要理解
这一转变，可以仔细观察这一过程中花朵的哪些部分消失了，哪些
保留下来但并未生长，又有哪些部分生长膨大。

（John Muir）在一封信中所言："植物最为微观的部分本身就很美，
它们被巧妙地组合，并继而无可置疑地怀着同样的小心翼翼被编织成
一个和谐迷人的整体。"

求证：

传粉通常是种子和果实形成的序幕（图 4.7），但并非总是如此。

未经传粉或受精的花也能形成果实，不过果实中没有成形的种子。食杂店出售的无籽西瓜和无籽柑橘，就是花朵未受精却能形成果实的例子。这些无籽果实形成的过程被称为单性结实（parthenocarpy）。在什么情况下，植物从花到果的历程中可以略过传粉和受精的步骤？

一旦发生受精，与植物生命中几乎所有的重要事件一样，从花到果的转变过程就为植物激素所支配。我们熟悉的植物生长素、赤霉酸和细胞分裂素等激素在这一转变过程中扮演着关键的角色。单凭激素能启动从花到果的转变过程吗？如果答案是肯定的，那么只要在开花时涂抹一种或多种外源性激素，花朵的表现就会和已传粉受精一样，但事实并非如此。

植物生长素在园艺用品店中被作为生根粉出售，由于它的便利性，这一假说很容易测试。将两种不同浓度的生根粉溶液（100毫克/升及500毫克/升）分别喷在番茄的两串花上。上述溶液每升中预先加一茶匙洗碟皂粉及一滴植物油（加入皂粉和油有助于喷雾附着在花朵表面）。将只有水、皂粉和油的混合液单独喷在另一串番茄花上。你预计这些花朵的种子将会是怎样的？它们果实的大小又会有什么区别？

种子与孢子的区别

花园中的绝大多数植物都是被子植物或松柏植物，它们都由种子而非孢子萌发而来。但种子却源于两个孢子——雄性小孢子和雌性人孢子——产生的细胞后代的相遇。为什么会是这样？种子与孢子的生命历程大相径庭。比较苔藓、蕨类与苹果、西葫芦和番茄这

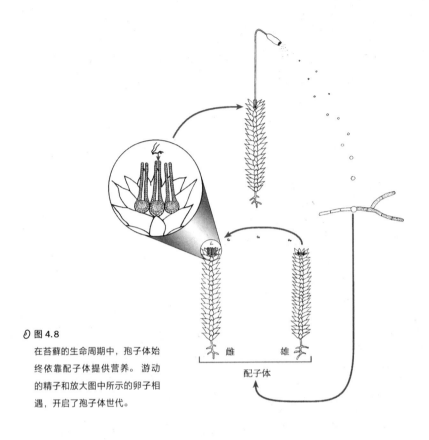

图 4.8

在苔藓的生命周期中，孢子体始
终依靠配子体提供营养。游动
的精子和放大图中所示的卵子相
遇，开启了孢子体世代。

类被子植物的生命周期，这种区别就更明显了。前两者只产生孢子
（图 4.8 和图 4.9），而后三者既产生孢子，也产生种子（图 4.10）。

　　每粒种子里都含有一个由两个配子——一个卵细胞和一个精细
胞——融合而产生的胚。每个配子携带的遗传物质（n）是胚携带的
遗传物质总数（2n）的一半。这些配子在植物生命周期中被称为配子
体世代。精细胞由小孢子和雄配子体分裂而来，而卵细胞由大孢子和
雌配子体分裂而来。种子中的胚是精细胞（携带有 n 份遗传物质）和

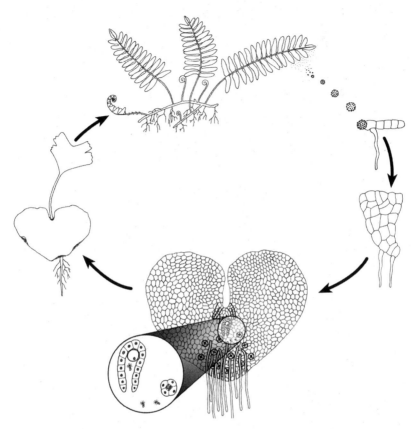

◍ 图 4.9

在蕨类的生命周期中，孢子体可以脱离配子体独立生存。蕨类配子体与孢子体
分离，自行发育为一棵绿色植物。精细胞与卵细胞的相遇标志着孢子体的诞生。
就蕨类和苔藓的配子体来说，卵细胞位于被称为颈卵器（archegonium）的结构
中。形似开瓶器的精子会从被称为精子器（antheridium）的细胞结构中游出，
与颈卵器中的卵细胞结合。苔藓和蕨类的精细胞带有鞭毛，可以游动；而被子
植物花粉管内的两个精细胞的鞭毛完全消失，无法游动。只有被子植物和裸子
植物会产生带有预制成形孢子体的种子。

卵细胞（同样携带有 n 份遗传物质）融合的产物，是植物生命新世代的开始，即孢子体世代（n+n＝2n）。种子（2n）是孢子体世代的初始成员；孢子（n）是配子体世代的初始成员。被子植物的每粒种子实际上是在两个孢子的后代相遇时产生的：雌蕊中较大的大孢子和雄蕊中较小的小孢子。被子植物的种子源于以下两者的结合：（a）雄配子体的 3 个细胞，它们由雄蕊中较小的小孢子产生；（b）胚珠中央的

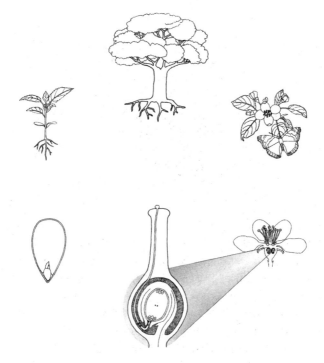

𝄐 图 4.10

　　在苹果这样的被子植物的生命周期中，花朵内部的雌雄配子体完全依赖孢子体而生存。这张苹果花的局部放大图展示了成熟花粉（雄配子体）和居于胚珠中央的雌配子体的相遇。只有被子植物和裸子植物才会有花和种子。

7个细胞，即所谓的雌配子体，它们来源于雌蕊中较大的大孢子。

其他绿色植物如蕨类和苔藓，是由孢子而非种子萌发产生的。在每粒种子中，未来的被子植物以胚的形式预先成形，而孢子中则没有任何有序形式存在的迹象。种子由许多细胞组成，而孢子只是单独一个细胞。而且很少有人意识到，所有产生种子的植物也会产生隐匿的孢子。由种子萌发产生的每棵被子植物，花朵的雄蕊中会产生小孢子，雌蕊中会产生大孢子。当然，产生孢子的植物并不都能产生种子，比如苔藓和蕨类（图4.8和图4.9）。

这其中最神奇之处在于，每粒种子中有序的胚植株是由无明显有序结构的细胞融合产生的——这些细胞将产生什么看起来毫无头绪。被子植物和裸子植物，无论其小孢子和雄配子体或大孢子和雌配子体，都不包含任何有序的结构，让人无法预测它们非凡的未来走向（图4.10）。

感知开花的时机

花朵装点着一年四季各处的风景，或大或小，或缤纷，或朴实；但每种植物开花都有特定的季节，并非随时都能开花（图4.11）。

春天绽放的郁金香，仲夏开花的番茄，还有直到秋天才吐露芬芳的菊花，我们都习以为常。植物长到一定的大小或到了一定的年头就会开花吗？事实并非如此。植物的开花决策似乎基于它每一季接收到的环境信息——温度、光照时间和降水量。是否其中一种信息就足以帮助植物做出开花的决策？或者它们对此都有所贡献？就开花决策的拟定而言，哪些植物器官必不可少？

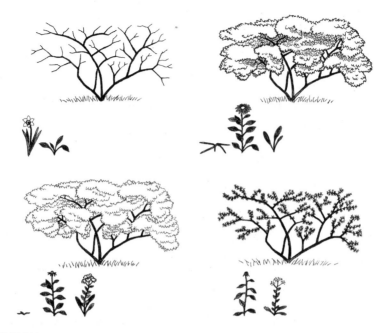

四季的花：春天的水仙（左上）；夏天的松果菊（右上）；
秋天的加拿大一枝黄花（左下）；冬天的金缕梅（右下）。

观察：

有些植物春季开花，比如郁金香和水仙；有些则在夏天开花，比
如金光菊和南瓜；少数植物在秋天开花，比如加拿大一枝黄花和紫
菀；更罕见的是，一些植物会在冬天开花，比如金缕梅和一品红。

求证：

要验证任意一种或全部的季节性信息对于开花决策是否起到关键
性作用，我们先做第一个假设，即植物的开花决策是对白昼长度，或

者说光周期的感应。这需要我们保证所有实验植物的生长温度和接收到的降水量一致，只有受光情况有所不同。把几盆植物放在荧光灯下，比如金光菊、加拿大一枝黄花、彩叶草、百日菊、鼠尾草或者去年圣诞节剩下的一品红等，每天开灯 12 小时、16 小时或 8 小时。这三种受光情况分别模拟了户外植物春秋、夏天和冬天的日长。这几种植物分别会在哪种光照条件下开花？是否有些植物的开花与受光情况毫无关联？

不同的植物如何确定一天的长度？是根据光期长度、暗期长度还是两者兼有？植物如果能感知日长，那么它们会在感知到某个特定的日长时开花，而忽略夜长。为植物打造 16 小时光照、16 小时黑暗的光－暗周期，与给予正常的 16 小时光照、8 小时黑暗的光－暗周期的植物比较一下。再试试 8 小时光照、8 小时黑暗的光－暗周期，和正常的 8 小时白天、16 小时黑夜的光－暗周期（图 4.12）比较一下。

为了进一步"考验"这些被子植物，试着在光期中插入 1 小时的暗期，而在暗期中加入 1 小时的光期，以打断连续性（图 4.13）。在光期中为植物遮光 1 小时，打断 16 小时光照的长昼；在暗期中让植物受光 1 小时，打断 8 小时光照的长夜。

☀ 16 小时 ｜ 8 小时
☀ 16 小时 ｜ 16 小时
☀ 8 小时 ｜ 8 小时
☀ 8 小时 ｜ 16 小时

图 4.12

这张图展示了 4 种不同的光－暗周期。通过模拟这些条件，我们试图回答以下问题：植物是根据光期还是暗期的长度来估计一天的长短的？

☀ 8 小时		16 小时		
☀ 8 小时		7.5 小时	☀	7.5 小时
☀ 16 小时			8 小时	
☀ 7.5 小时	☀ 7.5 小时		8 小时	

◐ 图 4.13

这张图展示了植物的光期或暗期被打断的情形。通过模拟这些条件,我们试图
回答以下问题:当植物的光期或暗期被打断时,是否会丧失估算一天总时长的能
力?哪种干扰对植物的开花决策影响更大?或者它们具有相同程度的影响?或者
同样不重要?

求证：

如果将两棵没开花的同科植物嫁接在一起,会发生什么情况?以
菊科为例,将紫菀或加拿大一枝黄花,与金光菊或松果菊嫁接。前
后两组植物在一年中的不同时节开花:紫菀和加拿大一枝黄花在早秋
开花,金光菊和松果菊在初夏开花。试着使用第二章讨论过的嫁接
技术打造两棵拼接植株。

植物生理学家早前的实验表明,植物的叶子能接收开花的刺激信
号,然后它会把这种刺激信号传给芽的干细胞,一朵花继而就诞生
了。不管处于何种日长,摘光叶子的植物都无法开花。但植株只要
有一片叶子,依然可以从环境获取足够的信息,在恰当的季节开花。
植物受光的情况会诱导叶子内部产生某种因子。而叶子很可能将这
种因子传递出去,诱使花芽的形成。把一棵拼接植株放在短日照环
境（8 小时日照）,看看植物会开哪种花,同时把另一棵拼接植物置
于长日照环境（16 小时日照）进行观察。观察结果给我们带来什么
样的启发?诱导植物在短日照时开花的物质,是否同样会对正常情

况下只在长日照时开花的植物发挥作用？诱导植物在长日照时开花的物质，是否同样会对正常情况下只在短日照时才开花的植物发挥作用？

夏季，在松果菊、金光菊或加拿大一枝黄花的正常花期前几天，剪掉它们的花枝。你预测这些由于修剪而无法开花的植物，会试着推迟几天再次开花吗？一旦这些植物处于某个光－暗周期中，而这个周期会诱导它们在某个特定时间开花，即便头一批花蕾被剪去，它们是否还会执着地再次长出新的花蕾并最终开花？

果实如何感知成熟的时机

据说只要桶里有一个熟透的烂苹果，整桶苹果就都完了（图4.14）。果实的成熟是一种老化的过程，类似每年秋天植物大规模落

◖ 图 4.14
烂苹果会加速周边苹果和香蕉的成熟。

叶时叶子的老化或衰老。

腐烂会传染吗？如果确实如此，烂苹果需要和其他苹果发生接触吗？还是和它们共享空间和空气就能起效？是否能够证明腐烂熟透的苹果会散发某种物质，使得腐烂状态蔓延？

观察：

先找一个熟透的苹果。把一个绿（未成熟的）苹果放在这个熟透的苹果旁边并相互接触；在离熟透的苹果一英尺远的地方放第二个绿苹果。在离前两处很远的地方，放第三个绿苹果，紧贴着它再放一个绿苹果，再挨着它放一个熟透的香蕉。

求证：

通过观察熟透的果实产生的某种物质对其他数个未成熟果实的影响，我们了解到哪些相关信息？如果在成熟果实与未成熟果实之间加一道塑料屏障，对果实成熟所需的时间会有影响吗？

把一个熟透的苹果和一个坚硬的绿苹果紧挨着放在同一个塑料袋里。另一个塑料袋中也同样放一个熟透的苹果和一个绿苹果，但相互距离6英寸。在第三个塑料袋里，放入一个坚硬的绿苹果和一个密封在较小自封袋中的熟透的苹果。在另一个自封袋中，放两个绿苹果。上述实验中的苹果也可以换成梨或香蕉。

植物某一部位产生的化学物质，能够对位于远处的组织和细胞有所影响。要从植物内部的一个位置移动到另一个位置，那么这种化学物质必须呈气态或液态。植物产生的固态化学物质，例如糖类，只有溶解在水中，才能从一处移动到另一处。某些情况下，这些化学物质会促进某种行为；在另一些情况下，它们会抑制某种行为。如果腐烂或成熟果实产生的某种物质会加速另一个果实的成熟（老化），这种化学物质就被认为是一种激素。这种激素在发挥作用时，处于何种化学状态——液态还是气态？数百年以来，中国的农民会在谷仓中焚香，促进果实成熟。其他地方的农民出于同样的目的燃烧牛粪。我们现在知道熏香和牛粪产生的烟中含有乙烯——一种促使果实成熟的药剂，它也是已知激素中唯一一种气态物质。

这种加速果实成熟的物质同样会减缓能发育成茎、叶、花的芽的生长。（乙烯亦促使叶子老化，我们在第二章提到了这一点。）还记得另一种植物激素脱落酸吗？除了抑制种子萌发，它也会抑制芽的生长。这两种我们熟知的激素将再次联手，对抗其他激素的作用。

观察：

马铃薯上的每处芽眼都是一个芽，它携带着形成马铃薯植株所有器官的全部信息。比较一下成熟果实对未成熟果实的影响，及同一个成熟果实对马铃薯芽的影响。如果置于暗处，马铃薯芽眼处会很快长出茎干和叶子；同样是这些马铃薯，如果把它们中的一些和熟香蕉或熟苹果放在一起，会发生什么？设置两组不同的水果和马铃薯组合方式，并把它们放在黑暗干燥的地方：（1）把一个熟苹果（或熟香蕉）和几个马铃薯放在同一个纸袋中；（2）把同样数量的马铃薯单独放在纸袋里。

就植物生命中所作的所有重大决策而言，同样的激素——植物生长素、细胞分裂素、赤霉酸、脱落酸和乙烯——在这些里程碑式的时刻一次又一次出现。植物生长素、赤霉酸和细胞分裂素会促使

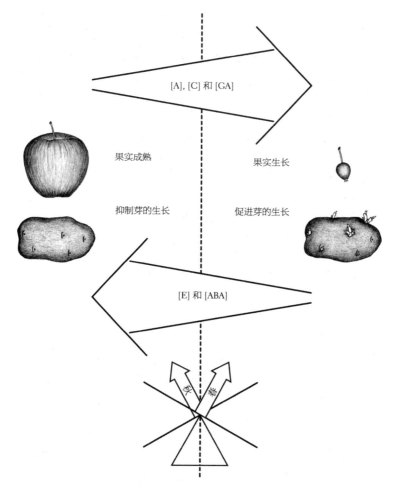

[A], [C] 和 [GA]

果实成熟   果实生长

抑制芽的生长   促进芽的生长

[E] 和 [ABA]

秋   春

图 4.15

正在发育的果实中，激素植物生长素（A）、细胞分裂素（C）、赤霉酸（GA）、
乙烯（E）和脱落酸（ABA）相对浓度的升降，指挥着果实初期的生长和最终的
成熟。每到秋天，各种激素水平的平衡决定了果实的命运。同样地，春天激素
水平的平衡也决定了芽的命运，其中一组植物激素水平会促进芽的膨大。秋天，
随着脱落酸和乙烯水平的升高，芽会进入休眠状态，直到春天来临。

花朵"变身"，长成未成熟的果实。之后乙烯和脱落酸接手，将身量已足的青涩果实转变为甜蜜缤纷的成熟果实。正是这些激素的微妙平衡主宰着果实从受精到成熟历程中的命运（图 4.15 ）。

◑ 图 5.1

甘蓝中蕴含的能量和营养被直接传递给正在大嚼叶子的绿色的菜粉蝶幼虫和许多跳甲。 接下来，能量和营养
又被这些毛虫和跳甲传递给了老鼠、蟾蜍、胡蜂（右上）和闪耀着虹彩光泽、被称为 "毛虫捕手" 的步甲（中
下）。 长颈地长蝽（右下）对捕食毛虫并无兴趣，它四下寻找着草籽。

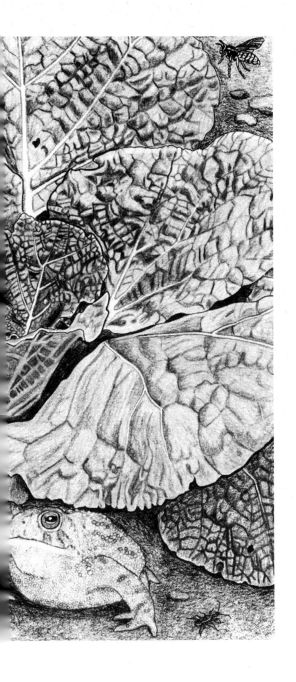

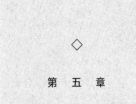

第 五 章

来自阳光的
能量与来自
土地的营养

白菜宽大的绿叶会收集来自日光的能量，长得更长更宽。植物通过叶绿素收集日光中的能量，并把太阳能转化为化学能。通过光合作用，所有绿色植物都会把来自阳光的能量转化为糖类这种化学能——一种植物和动物都可以利用的能量形式。在这一过程中，阳光的能量与二氧化碳（CO_2）及水（H_2O）这两种简单化合物结合，同时产生糖（$C_6H_{12}O_6$）和氧气（O_2）。我们现阶段对植物如何利用阳光和化学反应养育地球生命的理解，是许多代科学家辛勤研究的结晶。

　　18世纪，在光合作用尚不为人所知的时候，不列颠科学家约瑟夫·普里斯特利（Joseph Priestley）观察植物时发现，当植物接受阳光照射时会产生所谓的"恢复物质"（restorative substance），而且这种物质实际上是一种新的化学元素。密封罐中燃烧的蜡烛很快熄灭，显然是因为耗尽了罐中某种对于燃烧不可或缺的气体。普里斯特利之后又把正在燃烧的蜡烛放在盆栽植物或植物的鲜活枝条旁边（图5.2），为了防止周边空气进入罐中，他把大玻璃罐倒扣在一碗水中。这一次蜡烛持续燃烧。他观察到"空气的恢复有赖于生长中的植物"。在同一个倒置的罐中，蜡烛燃尽空气中的某种物质后，受到阳光照射的植物能重新"恢复"这种必需的物质——实际上就是后来被称为氧的化学元素。发现这种新元素并确定它的"恢复"属性后，进一步的研究发现，阳光下的植物要释放出一定体积的氧气，必须吸收同等体积的二氧化碳。到18世纪末期，人们通过实验了解了光合作用的基本化学原理，但这一过程中的大量细节仍迷雾重重，有待解密。

观察：

在房间或门廊找一个阳光充足的明亮区域，放一大盘水，上面再放一个透明的玻璃碗或大的玻璃容器，例如小鱼缸。把一根小蜡烛放在一个平台，如水平面以上的一块小砖的边缘处；点燃它，把玻璃容器翻转盖在蜡烛上，其边缘浸没于水中。蜡烛能够燃烧多久？现在重新点燃蜡烛，和一个小盆栽一起放在同样的平台上。植物的存在是否"恢复"了蜡烛燃烧的能力？在多云的天气里，植物的恢复能力是否同样有效？

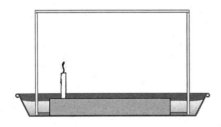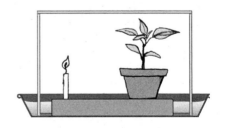

◗ 图 5.2

单独放在密封容器内的蜡烛很快熄灭；在同样的容器中再放一棵植物，只要这棵植物被置于阳光下，可以进行光合作用，蜡烛就会一直燃烧下去。

把装有水生杂草水蕴藻的鱼缸放在明亮的阳光下，水蕴藻的叶子会开始快速地冒泡。当阳光的能量启动了水蕴藻叶子中的光合作用，这种沉水植物就会吸收二氧化碳和水，产生糖类和氧气，这些糖类被保留在植物体内，而氧气则以数百个气泡的形式被排放到鱼缸中。只要水蕴藻和阳光持续合作，向水中补充氧气，即便是封闭的鱼缸也可以供养生活其中的鱼类和昆虫等生命。

除了利用源自太阳的能量，所有生命体还需要获取来自土壤的营养。甘蓝弯弯曲曲的根从四面八方收集水和营养素，在这一过程中，土壤中的营养被浓缩至原先的 8 倍。无论哪种以甘蓝为食的动物，如跳甲和菜粉蝶毛虫，在它们享受甘蓝滋味的同时，都会利用这种能量和这些营养。无论哪种动物食用了以甘蓝为食的动物，如蟾蜍、胡蜂和某些甲虫，都同样会享用一部分源自阳光的能量和来自土地的营养。现在，这些营养已经又被浓缩了 5 倍以上。

植物要长大，需要耗费许多太阳能。迄今为止最大的甘蓝产自"午夜阳光之地"（指美国阿拉斯加州）。在阿拉斯加夏日阳光的驱动下，蔬菜几乎 24 小时都在进行光合作用，也就每天 24 小时持续地生长。斯科特·罗布（Scott Robb）来自阿拉斯加州的帕尔马市，他种的甘蓝重达 138.25 磅，在 2012 年的阿拉斯加市集上创造了新的世界纪录。要打破这个纪录，一棵野心勃勃的甘蓝必须利用更多来自太阳的能量和来自土地的营养。（前纪录保持者同样诞生于阿拉斯加，重量为 125.9 磅。）

水果和坚果想要丰收，同样需要许多能量。许多树木每二到五年丰收一次，例如栎树、水青冈和苹果树。树木周期性的繁荣和萧条被称为丰年结实（masting behavior），这种现象以古英语单词 mast 命名，意思是每棵树下都有异常丰富的秋季果实。没人知道造成这一现象的确切原因，但比起中间的年份，在丰年树木确实会耗费更多能量，将更多营养用于产生花朵和孕育果实。在丰年之间的普通年份，树木则可以休息一下，不产生那么多花和果实，把能量用于长高长大。

秋季，随着植物受到的阳光照射一天天地减少，人造光源带来的任何额外能量都能刺激叶绿素产生，延长叶子的寿命，延缓它们不可避免地走向衰老的脚步。秋天在路灯周围的绿叶如同林木繁茂的岛屿，这些叶子获取的额外光照（以及能量）会让它们保持活力；与之形成对比的是，那些在灯光照射范围之外的叶子"邻居"会很快老化，不久就从树上落下。这些顽强坚持的绿叶仍用不断获取的光能合成糖类。在它们最终屈服于无法避免的衰老之前，这些含糖量高的叶子通常会呈现最为亮眼的红色和橘色。

要完成植物生长这项任务，方方面面都需要能量。植物会利用能量进行日常运作，利用能量长高长宽，把根扎得更深。如果太阳是植物的能量来源，那么屏蔽一部分或大多数阳光，植物所能进行的活动就会随之减少。

植物如何利用光能生长

当完全沐浴在阳光下时，植物会直立生长并呈现绿色。如果植物只有一侧受光，它会向受光那一侧弯曲。植物不受光的一侧比受光一侧生长得更多，即接收较少能量的那部分的叶、茎、根伸长得更多。如果把整棵植株放在无法获取任何阳光的完全黑暗之处，它唯

◊ 图 5.3

这三盆菜豆被放在同一个温室中，且生长的时间一致（十天），但它们接受了三种不同水平的光照。中间那盆放在直射光下；右边这盆放在箱子里，只有一侧受光；左边那盆被放在封闭的箱子里，完全不受光。

一可获取的只有自己储藏的能量时，它会做出什么样的反应？

　　动物如果不能从食物中获得化学能量——无论这些能量来自于植物还是食草动物——就会变得虚弱、消瘦，最终都会因为缺乏能量而饿死。

　　观察：

　　先在三个不同的花盆中各播种一粒菜豆。地上部分长出第一对初生叶后，马上把其中一盆放到全暗的箱子、柜子或房间中，另一盆放在直射阳光下，而第三盆只有一侧受光。让所有的盆土保持湿润。十天后，查看所有的菜豆植株，观察全暗环境的豆苗与一侧受光以及均匀接受来自上方光照的豆苗（图5.3）生长情况有何不同。植物的地下器官对不同光照情况的反应与地上生长的器官一致吗？在历时十天的实验中，所有豆苗子叶萎缩的程度一样吗？把植株的地下部分和周边土壤放在水盆中，小心地去除菜豆根部的盆土。大部分土壤会从根部脱落。查看根部，看是否有任何证据证明地上的受光情况会影响植物的地下活动。

求证：

当完全无法得到来自阳光的能量时，是什么使植物的特定部位伸长？你能提出假说来解释为什么植物受光少的部分会长得较高吗？你能测试这些理论吗？在最终耗尽自身储藏的能量前，黑暗中的植物能持续徒长多久？

观察：

在特定的环境条件下，要将二氧化碳和水合成为糖类，有些植物需要消耗更多的阳光能量。具体是什么样的条件？

（光合作用：）

$$6\,CO_2 + 6\,H_2O + 光能 \rightarrow C_6H_{12}O_6（葡萄糖）+ 6\,O_2$$

在炎热干燥的日子里，植物通常会关闭它们的气孔，目的不仅在于减少水分流失，还在于限制二氧化碳进入。这样一来，被困在叶子中的氧气会逆转光合作用这一过程，减少产生的葡萄糖。这种光合作用的逆转过程就是光呼吸，这一过程不但会消耗糖，还会释放二氧化碳：

$$C_6H_{12}O_6（葡萄糖）+ 6\,O_2 \rightarrow 6\,CO_2 + 6\,H_2O + 能量$$

有些植物克服了这种葡萄糖和二氧化碳的低效率损失，它们会消耗额外的能量，进行额外的化学反应，确保所有的二氧化碳都用于光合作用，完全不被浪费。这些植物会将所有的二氧化碳用于进行光合作用起始的第一步。在这一步中，每个二氧化碳分子先与一个五碳分子（二磷酸核酮糖）结合，产生两个三碳有机化合物（磷酸甘油酸），它们是六碳化合物（葡萄糖）的前体，后者是光合作用的最终产物。

光合作用的第一步被称为碳固定：

$$6\,CO_2 + 6\,C_5H_{12}O_6\text{-}2PO_3^{3-}（二磷酸核酮糖）\rightarrow 12\,C_3H_6O_4\text{-}PO_3^{3-}$$
（磷酸甘油酸）

所有植物通过生成三碳化合物（磷酸甘油酸）来实现光合作用的第一步。但地球上约百分之十的植物（被称为 C4 植物）除了这种方式之外，还会通过其他反应来完成光合作用，这种反应会消耗额外的来自阳光的能量，产生四碳化合物（草酰乙酸、苹果酸）和额外的二氧化碳。仅进行光合作用第一步，只产生三碳化合物的植物被称为 C3 植物。C4 植物和 C3 植物光合作用的最终产物都是六碳化合物葡萄糖；但 C4 植物对二氧化碳的利用更为有效，后者是光合作用必需的前体。在这些 C4 植物内部，二氧化碳先和三碳的磷酸烯醇式丙酮酸结合，后者由三碳的丙酮酸与来自 ATP 分子的能量和磷酸根结合产生（图 5.4）。C4 反应的相关细节参见资料卡5.1。

C4 植物能够在特殊细胞中进行这些化学反应，这些细胞包围着叶脉，不会被氧气和光呼吸干扰。这种细胞的排布方式是 C4 植物独有的特性，由此二氧化碳得以在细胞中累积，这是 C3 植物的细胞

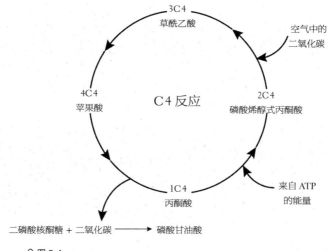

图 5.4
C4 反应如何将二氧化碳注入光合作用的第一步，
并避免光呼吸的发生。

无法做到的（图5.5）。在 C4 植物叶子中的特殊维管束鞘细胞的内部，3C4 反应中产生的苹果酸被分解为二氧化碳（由 C3 途径固定）和丙酮酸，后者会再次开启 C4 循环，过程中二氧化碳的消耗量始终被降到最低。就固定二氧化碳而言，C4 途径比 C3 途径需要更多来自阳光的能量。然而，比起光呼吸的高耗能过程，C4 植物所需的这些额外能量根本不值一提。

观察：

在土壤湿度低、温度高、光照强的环境中，C4 植物比 C3 植物表现更佳。C4 植物借助夏日强烈阳光带来的额外太阳能，打败了它们缺乏 C4 光合作用能力的邻居。在夏天最炎热干燥的日子里，草

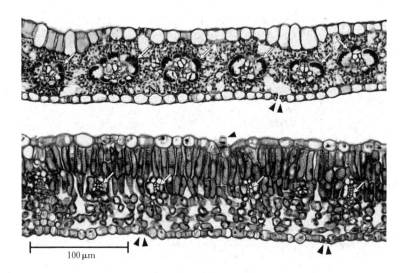

◊ 图5.5

比照 C4 植物（玉米，上图）和 C3 植物（丁香，下图）的叶结构，可以看出它
们叶脉周边的维管束鞘细胞（白色箭头处）排布方式有所不同。C4 植物的维管
束鞘细胞负责叶片中的特殊化学反应，这些反应能使二氧化碳被最大限度地转化
为葡萄糖。在这些维管束鞘细胞中，二氧化碳浓度持续保持在高位。图中双黑
三角标出的是气孔；单黑三角标出的是丁香叶表的腺毛。图 6.9 和图 9.2 亦展
示了 C4 植物和 C3 植物的叶片结构。

地里的 C3 植物已经倒下，而那些 C4 植物依旧一片繁茂景象，如马
唐、大戟和蒲公英。在较凉爽的春秋季蓬勃生长的 C3 植物（例如
早熟禾、羊茅和偃麦草），被恰如其分地称为凉季草种；而它们的亲
戚（例如大须芒草、马唐和狗尾草）在干热的夏日生长最为旺盛，则
常被称为暖季草种。在炎热的夏日，蔬菜园里的苋菜、马齿苋和大
戟在成排的菜豆和番茄之间长势繁盛。当热浪和干旱让它们的 C3
植物伙伴备受折磨时，C4 杂草（表 5.1）正处于鼎盛期。

资料卡 5.1

C4 植物如何消耗更多太阳能以固定较多的二氧化碳

（1C4）：$C_3H_3O_3^-$（丙酮酸）+ $ADPPO_3^{2-}$ + NADPH →
$C_3H_4O_3PO_3^{3-}$（磷酸烯醇式丙酮酸）+ ADP + NADP

　　能量通过加上磷酸根的方式被传递到类似丙酮酸的分子中，这些磷酸根来自 ATP（三磷酸腺苷）或 GTP（三磷酸鸟苷），它们被称为生命体中的能量通货。为了方便理解富含能量的磷酸根在分子间如何进行交换，我们把 ATP 写为 $ADPPO_3^{2-}$，而 GTP 写为 $GDPPO_3^{2-}$。

　　在这些生化反应中的通用电子受体是烟酰胺腺嘌呤二核苷酸磷酸（NADP），而它的电子供体是 NADPH。在生化反应中，每当失去或获得一个电子时，都会有一个质子随之被获得或失去；这对电子和质子就代表氢原子（H）。

　　三次 C4 反应（2C4 到 4C4）会产生光合作用所需的二氧化碳，并再生出可以启动这些 C4 反应的丙酮酸。

（2C4）：CO_2 + $C_3H_4O_3PO_3^{3-}$（磷酸烯醇式丙酮酸）
+ GDP + NADP → $C_4H_3O_5^-$（草酰乙酸）+ $GDPPO_3^{2-}$ +
NADPH

（3C4）：$C_4H_3O_5^-$（草酰乙酸）+ 2 NADPH → $C_4H_5O_5^-$

（苹果酸）+ 2 NADP

（4C4）：$C_4H_5O_5^-$（苹果酸）+ 2 NADP →$C_3H_3O_3^-$（丙酮酸）+ CO_2 + 2 NADPH

这些 C4 反应产生的二氧化碳被注入 C3 光合作用的第一步，完全用于产生糖类。C4 植物产生的二氧化碳不会像 C3 植物在光呼吸中产生的二氧化碳那样散失到空气中。

土壤肥力从何而来？

地球上的所有生命都依赖来自太阳的能量和来自土地的营养而存在。植物的茎叶会从阳光中收集能量；从空气和水中，它们则会收集三种化学元素——碳、氢和氧——分享给植物的根；作为回报，根部会收集水和土壤中的营养分享给茎叶。随着植物不断生长，整棵植株的增重几乎都是由光合作用产生的，利用的是其从土壤和空气中获得的水和二氧化碳。对于盆栽植物而言，盆土体积或净重的减少都不会太明显。将近 400 年前，扬·巴普蒂斯塔·范·海尔蒙特（Jan Baptista van Helmont，1580—1644）用一盆土和一根柳枝进行过一个简单的实验，演示 5 磅重的柳枝在长成 169 磅 3 盎司的柳树的过程中，植物从土壤中获取的物质是多么微乎其微。通过称量在柳树生长开始和结束时盆中干燥土壤的重量，海尔蒙特证实了从土壤转移到植物体内被用于构筑植物组织的营养极少，几乎无法察觉。

表5.1　常见作物和杂草中的C4植物和C3植物

	作物	杂草
C4 植物	玉米	马齿苋
	甘蔗	苋菜
	西蓝花	大戟
	菠萝	蒲公英
	甘蓝	马唐
C3 植物	马铃薯	羊茅
	小麦	早熟禾
	甜菜	藜
	菜豆	偃麦草
	菠菜	苍耳

　　虽然15种土壤矿物质营养素中，有6种消耗量很少（大量元素），另外9种消耗量更是甚微（微量元素），但每一种营养素对植株健康都有不可或缺的作用。土壤中的这些营养素有哪些来源？为什么它们对于植物的生存至关重要？

　　我们先细想一下土壤的构成。地球上所有的土壤都由同样的三种基本矿物质颗粒构成：砂粒、粉砂和黏粒。这三种矿物质颗粒的相对比例决定了所谓的土质情况。然而，健康的土壤不只包含无机矿物世界的砂粒、粉砂、黏粒，还包括来自有机世界的分解者以及它们返还土壤的分解物。分解者会持续从动植物残骸中"回收"这15种必需的矿物营养素，养育动植物的新生代。在回收营养素并将

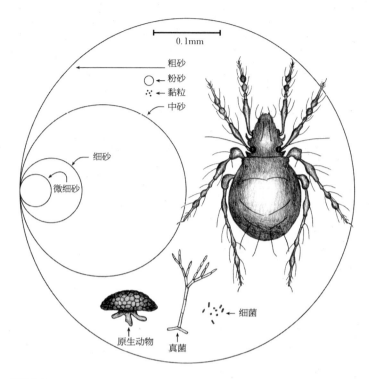

0.1mm

粗砂
粉砂
黏粒
中砂
细砂
微细砂
原生动物
真菌
细菌

　　三种土壤颗粒——砂粒、粉砂和黏粒——决定了地球上所有土壤的土质，它们
是所有土壤结合体中的无机矿物质组分。这些颗粒在尺寸上有所差异。土壤结
合体中的有机生物成分由多种多样的植物、动物、真菌和细菌组成。为了与它
们栖息地中的土壤颗粒大小做比较，这里展示了其中一些生物：生活在土壤中
的微生物（一只原生动物、一个真菌和几个细菌）和一只常见的小型无脊椎动
物——甲螨。

　　有机质与三种矿物质颗粒混合的过程中，分解者不但会往土壤里加
入必需营养素，还会加入有机质，后者赋予土壤极好的海绵状结构
（图 5.6）。分解者将原本毫无结构可言、植物根系几乎无法生长、排
水过快或过慢的土壤转变为根系、水、空气极易通过的土壤。砂粒、

粉砂和黏粒决定了土壤的质地（texture），而这些矿物质颗粒和有机质的结合情况决定了土壤的结构（structure）。

颗粒最大的砂粒、颗粒中等的粉砂和颗粒微小的黏粒，它们的相对比例使每种土壤具有独一无二的质地。土质可以因砂粒多而粗糙，因黏粒多而有黏性，因富有粉砂而手感丝滑；砂粒、粉砂和黏粒比例相近的土质称为壤土。在这一章节的最后，我们将看到同样质地的土壤中加入不同的有机质后，产生的土壤结构将是多么不同，以及它们在肥力上的判若云泥。

观察：

试着以自家植物为实验对象，寻找它们缺乏特定土壤营养素的表征。没有必需的营养素，将会导致光合作用减弱，细胞壁变得畸形，必需蛋白质和核酸的形成受阻，光能无法转化为化学能，植物表现出遭受病害的特定症状。在资料卡 5.2 和表 5.2 中，这些迹象均被一一列出。

观察：

施用大量含有等量氮、磷和钾的合成肥料，对植物的营养状况有何影响？这种肥料被称为均衡肥，农民和园丁通常把它们施用于春季作物，在农用品店和园艺用品店很容易购得。对土壤过量施用肥料会产生问题吗？给盆中的番茄小苗施用 10 克均衡肥。给另一盆装有等量相同土壤的盆栽番茄施用 10 克有机肥，如酵熟（约发酵 6 个月）的马厩肥或堆肥。在厩肥和堆肥中，通常氮、磷、钾三种营养素的含量都比较丰富。整个夏季持续按需给这两棵盆栽植物浇水。

资料卡 5.2

植物生长必不可少的土壤矿物质营养素

哪 15 种土壤营养素是必不可少的？它们因何重要？有哪些迹象表明植物正因缺乏特定的必需矿物质而遭受病害？

下面列出的前 6 种元素代表那些需求量相对较多、在植物细胞中起各种不同作用的营养素，被称为大量元素；而其余 9 种元素植物仅需要很小的量，它们被称为微量元素。

土壤的酸碱度（pH）是影响植物吸收和利用营养的最重要的土壤特征。下面所列的大量元素在酸碱度适中（pH 值在 6.0 到 7.5 之间）的土壤中最易于获取；然而，有些营养素在碱性（pH > 7.5）环境中最容易获得，而另一些则在酸性（pH < 6.0）环境中更易被植物利用。6 种微量元素的阳离子在酸性土壤最易获取，包括 Fe^{2+}、Fe^{3+}、Mn^{2+}、Zn^{2+}、Cu^{2+}、Ni^{2+} 及 Co^{2+}。BO_3^{3-} 是极少数带负电荷的微量元素之一，它在这种低 pH 值的土壤中也最易于获取。和其他微量元素不同，钼在碱性土壤中最易于获取，其表现形式为 MoO_4^{2-}。不但土壤的酸碱度会影响这些元素的吸收和利用，这些元素之间也会互相影响。

大量元素

氮（N，以 NO_3^- 和 NH_4^+ 形式被植物吸收）

在所有必需元素中，氮的转移和变化最多，空气和土壤中都有发生。氮是核酸、蛋白质和叶绿素的重要组分。土壤中含氮过多会导致钙、钾和镁的流失。

缺乏症：生长缓慢；萎缩；失绿。

优质的天然来源：血粉、鱼粉、棉籽粉、厩肥。

磷（P，以 HPO_4^{2-} 和 $H_2PO_4^-$ 形式被植物吸收）

磷是核酸、蛋白质和细胞膜磷脂的重要组分。细胞的能量通货 ATP 也是一种富含磷的化合物，它会在光合作用中不断被合成。植物快速生长的部位（比如芽和根的分生组织）显然非常需要磷。在 pH 低于 5.0 的地方，磷会与 Fe^{3+} 结合，形成不溶于水的化合物；而在 pH 高于 7.5 的地方，磷会与 Ca^{2+} 形成不溶于水的沉淀。

缺乏症：老叶颜色特别暗；发育不良，徒长；玉米叶边发紫。

优质天然来源：骨粉、磷酸盐。

钾（K，以 K^+ 形式被植物吸收）

钾是多种酶的辅因子，还控制着细胞渗透压。它是进行光合作用、固氮、形成淀粉和合成蛋白质必不可少的元素。钾有助于提高植物的抗逆性，即应对虫害、干旱和冬季严寒等恶劣环境的能力。

缺乏症：症状率先在老叶出现，老叶叶尖和叶缘损伤、缺绿（失色）。

优质天然来源：草木灰、花岗岩粉、绿砂。

钙（Ca，以 Ca^{2+} 形式被植物吸收）

植物细胞壁的形成需要钙。土壤中钾的含量过高时，会造成植物对钙的摄入不足。

缺乏症：茎尖无力；"顶腐症"。

优质天然来源：石灰岩，主要成分为 $CaCO_3$；蛋壳。

镁（Mg，以 Mg^{2+} 形式被植物吸收）

每个叶绿素分子中央都有一个镁原子（见附录A）。镁不但能辅助其他元素（尤其是磷）的吸收，还是多种酶的辅因子。土壤中钾的含量过高时，会导致植物对镁的摄入不足。

缺乏症：老叶变黄，叶脉仍绿。

优质天然来源：白云石灰岩，主要成分为 $CaMg(CO_3)_2$。

硫（S，以 SO_4^{2-} 形式被植物吸收）

硫原子是蛋白质的基本组成部分，二硫键能起到稳定肽链空间结构的作用。硫对种子和叶绿素的产生至关重要。

缺乏症：植株发育不良；新叶叶脉浅绿。

优质天然来源：石膏，主要成分为 $CaSO_4 \cdot 2H_2O$；有机质。

微量元素

动物厩肥是以下微量元素的优质天然来源。

锰（Mn，以 Mn^{2+} 形式被植物吸收）

锰对于叶绿素合成、氮的代谢及激发一些酶的活性必不可少。

缺乏症：植株矮小；新叶叶片变黄，叶脉仍绿；叶片出现黑斑。

硼（B，以 BO_3^{3-} 形式被植物吸收）

硼对某些酶的起效、糖的转运以及促进细胞分裂必不可少。它还参与核酸和植物激素的合成。

缺乏症：顶芽坏死。

铁（Fe，以 Fe^{2+} 或 Fe^{3+} 形式被植物吸收）

铁对于叶绿素的形成必不可少，还是某些酶的组成部分。固氮菌的双固氮酶需要用到铁。如果土壤中的磷酸盐过多，会生成不可溶解的磷酸铁，植物可能会因此缺铁。

缺乏症：新叶变黄，叶脉仍绿。

锌（Zn，以 Zn^{2+} 形式被植物吸收）

锌是多种酶的辅因子，其中一些酶参与生长激素和叶绿素的形成。如果土壤中磷的含量过多，可能导致 Zn^{2+} 的摄入受限。

缺乏症：叶片出现黑斑。

铜（Cu，以 Cu^{2+} 形式被植物吸收）

铜是许多酶的辅因子，其中一些酶参与了叶绿素的产生、木质素（一种坚硬结实的细胞壁组分）的形成和铁的利用。

缺乏症：叶色淡绿，叶尖枯焦。

钼（Mo，以 MoO_4^{2-} 形式被植物吸收）

钼对于参与固氮及促进氮吸收的酶的起效必不可少。这种营养素在高 pH 值环境中最有效。

缺乏症：缺绿症；生长迟缓；作物低产；新叶叶脉变红。

镍（Ni，以 Ni^{2+} 形式被植物吸收）

镍对于氮的合理利用以及一些关键的酶的起效是必需的。

缺乏症：叶色变浅，叶尖枯焦。

氯（Cl，以 Cl⁻ 形式被植物吸收）

植物渗透压的调节、光合作用以及根部生长均有氯的参与。这种元素会被植物大量吸收，很少有供应不足的情况。

缺乏症：叶子斑驳和枯萎；根尖断裂。

钴（Co，以 Co^{2+} 形式被植物吸收）

固氮过程中需要用到钴。维生素 B_{12} 中含有钴。

缺乏症：所有叶子均匀地变成浅黄绿色；一些植物可能出现红色的叶子或叶柄，茎干变红，以及生长不良。

在生长季季末，你能看出这两盆番茄的生长情况、活力或枝叶和果实有什么不同吗？在每一盆都施用了大量肥料（不管是合成的还是有机的）的前提下，植株是否还会显示出上述所列的营养素缺乏症？

求证：

试做一个实验来跟踪土壤肥力的来源。这个实验来自英国著名的洛桑农业实验站。在 1950 年出版的《有关土壤的课程》（*Lessons on Soil*）一书中，时任站长约翰·拉塞尔爵士（Sir John Russell）提出过一个启发性实验，用于演示土壤中的营养素来源。他将这些营养素称为"植物的食物"。

先在花园有裸土的一角挖一个直径为两英尺、深一英尺的坑，尽量不要把表土和心土混在一起。把最上面四英寸的土（即表土）装入三个花盆中，在盆上标记奇数 1、3、5。底部四英寸的土（即心土）装入三个花盆，分别以偶数 2、4、6 标记。每盆装有四分之一夸脱的土壤。

表 5.2　植物缺乏不同营养素时表现出的症状

症状	缺乏的营养素
a. 老叶受到影响	
b. 整个植株都受到影响；低处叶子干枯死去	
c. 植株浅绿色；低处叶子变黄、干枯，呈褐色；茎干变得短而纤细	氮（N）
c. 植株深绿色；通常有变紫或变红，低处叶子变黄、变干，或呈暗绿色；茎干变得短而纤细	磷（P）
b. 通常只有局部受影响；斑驳或失绿；低处叶子不会干枯但会斑驳变色；叶边卷曲或褶皱	
c. 叶子斑驳变色；有时发红；有坏死的斑点；茎干徒长	镁（Mg）
c. 斑驳或变色的叶子；坏死的斑点较小，在叶脉间或接近叶尖叶缘处；茎干徒长	钾（K）

症状	缺乏的营养素
c. 坏死的斑点较大，通常最终会包含叶脉；叶片变厚；茎干短	锌（Zn）
a. 新叶受影响	
b. 顶芽坏死；新叶变形坏死	
c. 新叶呈弯钩状，而后尖缘枯萎	钙（Ca）
c. 新叶基部浅绿色，从基部开始枯萎；叶子扭曲	硼（B）
b. 顶芽变色或枯萎，无坏死斑	
c. 新叶枯萎但不失绿；茎干尖端无力	铜（Cu）
c. 新叶未枯萎但失绿	
d. 小块的坏死斑；叶脉仍绿	锰（Mn）
d. 无坏死斑	
e. 叶脉仍绿	铁（Fe）
e. 叶脉变色	硫（S）

注：美国钾肥学会（American Potash Institute）发布了这张简单的二叉式检索表，用来诊断蔬菜的 11 种营养素缺乏症。有了这张检索表，没有经验的园丁也能够对植物的小毛病做出自信的诊断。改编自 1948 年出版的《土壤和作物的诊断技巧》(*Diagnostic Techniques for Soils and Crops*)。

在一盆表土（1 号盆）和一盆心土（2 号盆）中各播 50 粒黑麦种子。让种子发芽并养护四到五周，直到它们长到约 8 英寸高。把两个花盆中的土倒出，移除黑麦植株——要将根和枝干统统移除。再把种过黑麦的土装回 1 号盆和 2 号盆。

现在这六个盆可以播种芥菜种子了。1 号盆（表土）和 2 号盆（心土）培育过五周的黑麦小苗，盆中原有小苗的地上和地下部分都已经被移除。现在往 3 号盆的表土和 4 号盆的心土里各混入 60 克切碎的新鲜菠菜叶，为盆中的循环再生者（recyclers）提供用于分解的原材料。5 号盆和 6 号盆不加入植物残体。也就是说，1 号盆和 2 号盆的土壤已经为黑麦植株提供过营养；5 号盆和 6 号盆的土壤还未滋养过任何植物；而 3 号盆和 4 号盆的土壤补充了些植物残体。

在每个盆中播种 20 粒芥菜种子。确保每个盆的盆土都保持润而不湿。不妨预测一下，在种子发芽六周后，哪盆芥菜长得最大，哪盆又最小。有任何迹象表明黑麦幼苗的生长耗尽了 1 号盆和 2 号盆土壤中的营养吗？有关"植物的食物"的来源，这几盆芥菜苗的生长情况（图 5.7，上图）又暗示了些什么？

简化一下这个实验，把种子播撒在四个盆中，盆中分别装满来自同一花园的土壤（一对装着表土的盆——3 号和 5 号；一对装着心土的盆——4 号和 6 号）。每对盆中，一盆的盆土不做处理，另一盆中加入 60 克切碎的新鲜菠菜叶（图 5.7，下图）。

数不尽的土壤生物——包括肉眼可见的生物和数量更多但肉眼不可见的微生物——会从动植物残体中回收营养素，便于植物生长利用。土壤为植物提供的肥力是这些生物辛勤劳动的成果，而后者也同样由土壤供养（图 5.6）。正如伊芙·鲍尔弗夫人（Lady Eve Balfour）在她 1943 年所著《鲜活的土壤》（The Living Soil）一书中所说的那样，土壤中的生物会不断将动植物残体转化为腐殖质和营养素。这样一来，"生长和衰亡确立了完美的平衡，土壤的肥力也得以永续"。约翰·拉塞尔爵士也指出，把残存作物留在地里腐烂，"它

🖉 图 5.7

上图：这些芥菜苗被置于光照和气温条件相同的地上环境中，生长时间也相同。
三盆植物（1号、3号、5号）生长在相同的表土中；另三盆植物（2号、4号、
6号）生长在相同的心土中。1号盆和2号盆在播种芥菜之前种过四周黑麦。在
3号盆和4号盆中，土壤中事先加入了60克新鲜的碎菠菜叶。而5号盆和6
号盆中的土壤未做过任何处理。下图：这些芥菜植株被置于同等条件的环境下，
生长时间也相同。和上面的实验一样，表土被装在奇数盆（3号和5号），心土
被装在偶数盆（4号和6号）。3号盆和4号盆在播种芥菜种子前，土壤中加了
60克新鲜菠菜叶。5号盆和6号盆在同一时间播种芥菜种子，但其中的盆土未
作处理。

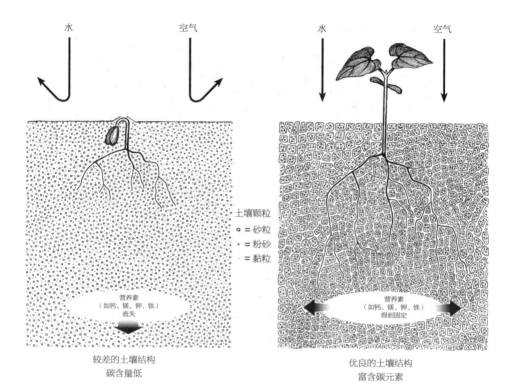

水　　　　空气　　　　　　　　　　水　　　　空气

土壤颗粒

ᵒ = 砂粒

· = 粉砂

= 黏粒

营养素
（如钙、镁、钾、铁）
流失

营养素
（如钙、镁、钾、铁）
得到固定

较差的土壤结构
碳含量低

优良的土壤结构
富含碳元素

🖉 图 5.8

质地相同的土壤（砂粒、粉砂和黏粒的配比相同）可以有极为迥异的结构。
回收利用植物沉积物产生的碳被加入土壤以后，可以聚合土壤颗粒，让空
气和根自由通行，它们还会赋予土壤海绵般的结构，这种结构能够保持水
和矿物质营养素，后者大多表现为阳离子。

们并没有被浪费，而是成了下一批作物的食物"。在腐败过程中，营养素会被释放，只留下腐殖质。无论分解者回收利用的是哪类植物沉积物，它们切碎、咀嚼、摄入、消化以及最终排泄之后的产物都是腐殖质。腐殖质颗粒一般带有负电荷，会贪婪地结合带正电荷的矿物质营养素。腐殖质分解得很慢，能在土壤中存在数年，扮演水和营养素载体的角色，并将它们束缚在植物根部可及的范围。腐殖质还富含碳和能量，这些能量是光合作用的产物经土壤分解者处理后留下来的（图 5.8）。

为花园着想，每个园丁都该努力"招募"土壤中的生物，与它们合作。这些生物能帮我们实现土壤肥沃这一心愿。健康的土壤应该是无机矿物世界的砂粒、粉砂和黏粒，与有机世界的分解者以及将必需营养素返还给土壤的被分解物的结合体。富含碳元素的腐殖质赋予土壤海绵般的结构，若没有它们，土壤则毫无结构可言。并不意外的是，腐殖质还会像海绵一样储水，在夏季最干热的日子里保存湿润。没有腐殖质的存在，以颗粒相对较大的砂粒为主要成分的土壤会排水过快，而以相对较小的黏粒为主要成分的土壤则排水很慢。腐熟落叶加入土壤后，能在植物根部可及的范围固定多种营养素。合成肥料不能给土壤带来任何有机质。没有富碳的有机质绑缚它们，合成肥料中的营养素会被迅速冲走，离开植物根部可及的范围。农民和园丁添加覆盖作物（cover crop，详见第七章），作为"绿肥"来供养分解者。作为回报，分解者不但从腐败的覆盖作物中释放营养素，滋养植物，还将绿肥转化为腐殖质，改善植物根部的物理环境。分解者通过将有机质与无机物混合，为空气、水和其他生物在土壤中打开了通道。

每当人们在花园或农田中收割蔬菜或清理杂草，一并带走的还有这些植物从土壤中获取的营养。而当人们从土地上清除这些作物的残留物，这些富碳有机质作为水和矿物质的载体，将会给土壤带来的种种好处也消失了。反过来，当人们将作物残体返还给土地时，土壤中的营养素便得到"回流"，光合作用中以二氧化碳形式获得的必要营养素碳也将回归土壤，帮助恢复土壤结构，并保持水和其他营养素，供根部吸收。

通过改变农业实践方式，我们还可以有效防止全球变暖。全球变暖是空气中二氧化碳含量持续升高造成的，促进土壤有机化正是解决这一问题的良方。每当人们将一吨碳以植物残体的形式返还给土壤，就会有约三吨二氧化碳从空气中消失。植物产生的所有有机物中都含有碳。被分解的植物沉积物也含有丰富的碳营养素。此前植物从空气中吸收了二氧化碳形式的碳；在光合作用过程中，来自太阳的能量将这些二氧化碳和水一起转化为糖类的化学能。而后糖类作为原材料，被用于合成植物体内的其他有机物，比如地球上含量最丰富的有机物——构成植物细胞壁的纤维素。这些最初不过是二氧化碳和水的有机物最后变成原材料，被回收再生，成为土壤中的碳。当温室气体二氧化碳的碳原子最终变为土壤碳原子时，大气、土壤和地上地下的所有生物都将受益良多。

以往的园艺和农业活动无疑开发过度，不具有可持续性，我们的农耕土壤也因此失碳严重，以致毫无结构可言，且缺乏营养素，没有保水能力。如今，许多园丁和农民不但实践可持续农业，还会实践再生农业，即持续向土壤中加入有机碳，而不是仅仅维持土壤的现状。

糖类的化学能如何在植物体内运输?

　　植物利用从太阳那里收集的能量把空气中的二氧化碳和土壤中的水结合起来,制造富含能量的糖。这些糖代表的是被转化为化学能的太阳能。与来自地下的根的营养素和水不同,植物的含糖汁液产自生长季地上部分的叶子;到了冬天,这些糖会被储藏在根部。春天槭树的树干中会流出糖汁,这是由于受到了水进出细胞产生的压力,因为水会从浓度高的地方移向浓度低的地方。春天,在槭树长出叶子以前,树木根部的糖含量高于顶部枝条的糖含量。当水从周边土壤被吸入根部时,在渗透压作用下汁液会向上移动。夏天,地上的叶子开始快速产生糖类,地上韧皮部细胞的糖含量升高,所以在渗透压驱动下,水会从邻近的木质部细胞流向韧皮部细胞,因为后者更靠近那些积极进行光合作用而产生高浓度糖的细胞。在这些含糖量较高的韧皮部细胞中,持续升高的渗透压促使汁液渗出,流向那些正在生长发育的细胞,后者也会主动从韧皮部管道中"卸载"糖类。

　　植物形成层的干细胞会持续分裂产生新细胞,构筑植物的维管系统包含向外形成的韧皮部细胞和向内形成的木质部细胞(图5.9)。未成熟的韧皮部细胞和木质部细胞在形成层分区中产生,它们必须经历一系列变化才能完全发育成熟,成为植物维管系统的正式成员,充分发挥作用。韧皮部细胞和木质部细胞一样,会形成中空的细胞管道,称为筛管,输送糖类和水。分裂后,木质部母细胞会生成中空的导管和管胞,这两种细胞都失去了细胞核、液泡和细胞器。管胞仅留存细胞壁,形成水和营养流动的管道。较大的导管细胞不但失去了活跃的内容物,而且失去了部分细胞壁,这些细胞壁本该沿着某

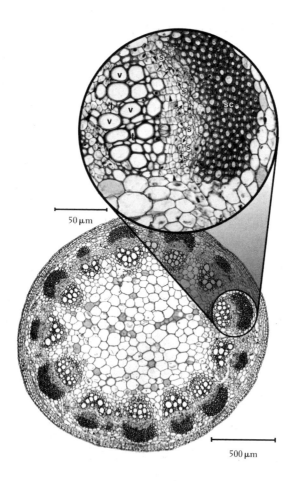

50 μm

500 μm

🔊 图 5.9

从这张横截面图中能够明显看出，这棵向日葵的茎干中共有 13 条维管束。在每
条维管束中，分生组织的形成层细胞将韧皮部和木质部分隔开来。从维管束的
放大图（上方圆圈内）可以看出，形成层（箭头处）将右边的韧皮部和左边的木
质部分隔开来。分化的木质部细胞——导管细胞（v）和管胞（t）——是中空
的，没有细胞核和细胞器。部分已分化的韧皮部细胞（伴胞，黑色三角处）仍
保留着它们的细胞核和细胞器，而它们的"同胞姐妹"即筛管细胞（以 s 表示）
没有细胞核，其细胞内容物也被移至边缘，以保证汁液流动通畅。每条维管束
都由厚壁细胞（sc）加固，这些厚壁细胞经历了预设的细胞死亡，但仍留下了起
支撑作用的增厚细胞壁。

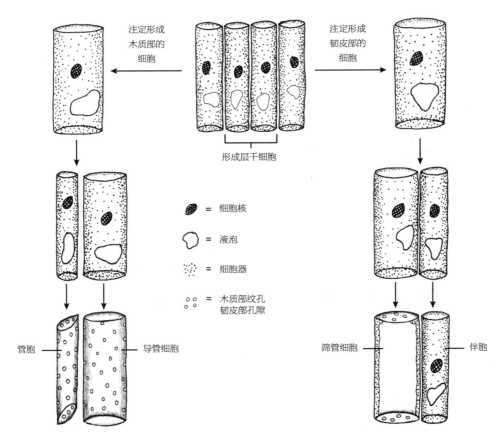

注定形成
木质部的
细胞

形成层干细胞

注定形成
韧皮部的
细胞

= 细胞核

= 液泡

= 细胞器

= 木质部纹孔
韧皮部孔隙

管胞

导管细胞

筛管细胞

伴胞

🔗 图 5.10

这张图展示了韧皮部和木质部细胞诞生、
发育和成熟的全过程。

条特定的管道或管线隔开各个导管细胞。由于这些末端细胞壁的瓦解，液体可以通行无阻地沿着导管的管线方向流动。与木质部组织的导管和管胞（图3.10）一分化就注定走向死亡的命运不同，韧皮部细胞会以另一种方式走向成熟（图5.10）。韧皮部母细胞会经历一次不对称的分裂，产成一个未来形成筛管细胞的大细胞和一个未来形成筛管细胞伴胞的小细胞。较大的筛管细胞失去了细胞核和液泡，并将残存的细胞器放逐到细胞边缘，而它的伴胞仍保留着细胞核、液泡和细胞器。显然，这种较小但相对完整的细胞支持着它的"同胞姐妹"（即筛管细胞）的正常运作。为引导和促进汁液的流动，筛管细胞变成中空状态，并在两端的细胞壁上形成孔隙。每棵植物的维管系统都源自其形成层的一些干细胞，它们能够在地上、地下和植物内部运送水、营养素和多种化合物。

观察：

花园蔬菜的茎干和叶子上常常会有蚜虫。留意看一下，这些蚜虫的腹部常会分泌出被称为蜜露的汁液。蚜虫从输送糖类的韧皮部细胞汲取汁液的方法，和我们从糖槭树干收集汁液的方法是一样的（图5.11）。只不过我们使用的工具是被称为插管（spile）的中空木钉，而蚜虫用的则是被称为口针（stylet）的中空口器。如果用小镊子或小剪刀小心地从植物上取下一些蚜虫，就会发现这些蚜虫的口针往往仍然嵌在植物表面，而且腹部持续渗出蜜露。这些口针像极了我们用来获取糖槭汁液的插管。蚜虫这种小昆虫挺干净的，你可以试着收集几滴蜜露尝尝，也算是新的味觉体验。根据蚜虫口针中的汁液运动速度计算，韧皮部细胞中的汁液流动速度高达每小时0.5

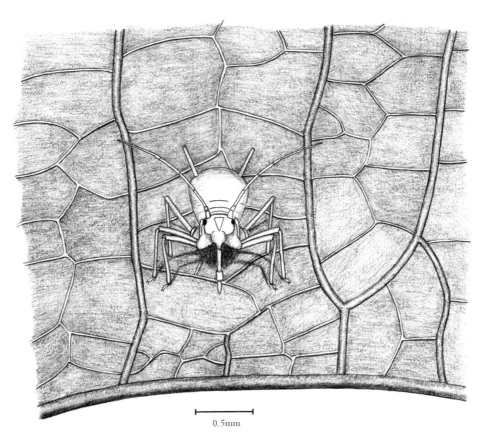

0.5mm

🖉 图 5.11
蚜虫用它中空的口针从一片豆叶表面汲取
富含糖分的韧皮部汁液。

到 1 米。不同植物汁液中的糖含量亦有差别。有些植物的汁液受到的压力较其他植物更大，食用这些较甜汁液的蚜虫很可能分泌更多的蜜露。

求证：

食草昆虫会更喜欢较甜的植物吗？还是并非如此？蚜虫以吸取植物汁液为生，它们从汁液里的糖分获得能量。我们是否可以预测，那些积极将光能转化为糖类化学能的茎叶，会更招蚜虫喜欢？这些活跃健康的植物，会利用一部分能量产生驱虫物质吗？香甜汁液的分布与蚜虫的分布有何关系？在同一植株中，汁液中的糖分含量是如何变化的？

19 世纪，一位名叫阿道夫·白利（Adolf Brix）的德国工程师发明了一种简单的方法来测量汁液中的糖含量。这种方法要用到一种仪器，测量光从空气进入不同浓度糖水中的弯曲程度。当光从空气进入水中时，它的行进路径会发生弯曲，而弯曲程度（即折射程度）与水中的糖浓度成正比。白利仪，或称糖度仪，只需一滴植物汁液就能测出光的折射程度。用压蒜器挤压一团叶子或多汁的茎，是获取植物汁液的最佳方法。注意，随着白天光合作用和产糖过程的进行，叶子中的糖含量也会上升，所以在做比较时，要选择在同一时间进行测量，气温也要相同。

植物的含糖量对食草昆虫——如蚱蜢、蚜虫和毛虫——会造成什么样的影响？大型食草动物，如牛和山羊，会通过胰岛素来调节糖分的摄取；但昆虫摄入高糖分的汁液可能引发消化道渗透休克。任何高浓度化学物质的溶液都会通过渗透作用从消化道周围组织和血液中吸收水。 水通过渗透作用被"推入"昆虫的消化道中时，会引起昆虫消化不良。 有机牧场种植的草类味道更甜。 农民宣称他们豢养的家畜更喜欢这些较甜的牧草，同时昆虫（例如蚱蜢）也会放过这些牧草，转而啃食含糖量较低的草类。 由此看来，种植富含糖分的有机作物，不失为一种优良而温和的抗虫方法。

图 6.1

在枝叶纠缠的葫芦藤中间，攀爬的卷须在不断地伸展和盘绕。 一只黄色的黄瓜甲虫（左上）沉醉在葫芦素的气味中，这种苦味化合物一般由葫芦科植物产生。 在甲虫下方，花的香气和甜甜的花蜜吸引着大豆天蛾。寄生蜂姬蜂（*Pimpla*，下方）和寄生蝇（*Belvosia*，中上）正在叶表搜寻毛虫，以便在它们体内产卵。 它们还会参与花朵的传粉。 一只草蛉的幼虫（右中）在叶间徘徊，寻找它最喜爱的猎物——蚜虫和蓟马。

第 六 章

藤蔓与卷须、叶与花的运动

植物的运动是生物学家查尔斯·达尔文感兴趣的众多自然事件之一。1875 年，在一本名为《攀缘植物的运动和习性》（*The Movements and Habits of Climbing Plants*）的小书中，他在提及自己详尽的观察时这样写道："通常人们会含糊地断言，植物与动物的区别在于它们缺乏运动能力。其实还不如说，只有对它们有某种好处的时候，植物才会获得或展现这种能力；这种情况发生得相对较少，是因为植物被固定在地上，而且通过空气和雨水就能获得食物。"

　　达尔文观察到，菜豆一类的攀缘植物"看起来总是向一侧弯曲，跟随太阳的方向四面绕圈，像表针一样转动着，与此同时缓慢爬升"。这类植物又被称为缠绕植物（twiner），因为它们会以螺旋的方式自发地缠绕垂直支撑物爬升。达尔文在菜豆茎干的一侧做了一个细小的标记，然后在菜豆生长点绕圈生长的过程中，追踪这个标记在茎干一侧的位置变化。他记下了这棵菜豆的生长点在空中绕行完整一圈所需的时间——差不多刚好两小时；同时他指出，这种自然的运动甚至不需要和任何物体接触就能发生。

达尔文还观察到另一类攀缘植物"天生具有敏感的器官，会抓住它们接触到的任何物体"，这些敏感的器官"自发地向一个稳定的方向旋转"。而且其中许多"原本是变态叶"。一旦被触碰，它们会"迅速向着被触碰的那一侧弯曲，之后恢复原状，准备再次行动"。每当卷须抓住一个立足点，它会"迅速卷绕一圈并牢牢抓住它。接下来的几个小时内，它会收缩成一个螺旋，拉紧茎干，形成一个令人赞叹的弹簧。现在所有的运动都停止了。经过一段时间的生长，这部分组织很快会变得坚固耐久。卷须完成了它的任务，并且做得十分漂亮"。

植物运动的步调缓慢从容。在我们风风火火地四处走动，处理日常事务时，花园里的植物也会四处动动，但它们行进的速度几乎无法察觉，却又稳定可测。我们可以用延时摄影来捕捉种子萌发、花朵盛放、藤蔓缠绕以及卷须旋转这些缓慢而优美的动作；我们也可以耐心地标记它们在一天中各个时刻行经的位置，观察它们所循的运动轨迹。

缠绕、旋转和"健美操"

观察：

在圆盆中央播下菜豆的种子。当高细的茎干在两片初生的叶子上方长出时，留意这根茎干的尖端以及在那里逐渐成形的微小新叶。首先在盆的边缘贴上胶带，标记茎干尖端在盆周上的投影位置（图6.2）。在接下来的一个小时里，每隔15分钟查看一次茎干尖端的位

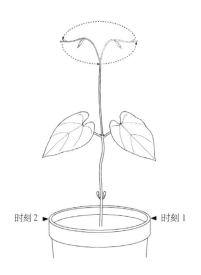

时刻 2 ◀ 时刻 1 ▶

◖ 图 6.2

豆苗的生长点正缓慢地绕圈旋转。将不同时刻生长点所在的位置标记在盆的边缘。

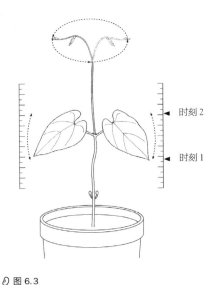

时刻 2 ◀
时刻 1 ◀

◖ 图 6.3

一棵豆苗在持续缓慢地移动，它的叶子有节奏地起起落落，生长点旋转了一圈又一圈。叶子移动的速度可以通过标记不同时刻它们在垂直标尺上对应的位置进行计算。

置，并做出标记。豆苗的茎干末端是否总是向同一方向旋转？顺时针还是逆时针？

　　当豆苗生长点在一对初生的叶子上方旋转时，这两片叶子也会以固定的节奏上下移动。谁能想到一棵表面上平静如水的植物会移动得如此频繁？叶子不断地上下摆动，用它们的"健美操"标记时间的流逝（图 6.3）。从两片初生豆叶中挑选一片，将尺子或木杆垂直插在旁边，但不要和叶子发生碰触。每隔 15 分钟，在尺子上做记号，标记叶子边缘的位置。什么时候叶子会改变它的运动方向（如果这种情况发生的话）？

求证：

如果把一根木杆垂直放在正在旋转的菜豆茎干旁，会出现什么情况？菜豆和其他缠绕植物绕着支柱旋转时，有偏爱的方向（顺时针或逆时针）吗？如果你轻柔地在这两枚有节奏地上上下下的豆叶叶尖加上很轻的重量（比如一枚回形针），会发生什么情况？豆叶还会继续移动吗？它们移动的速度有变化吗？只让其中一枚豆叶负重的话，效果又会如何呢？

卷须和触碰

另一类攀缘植物的移动，依靠的是对触碰敏感的器官，即卷须。卷须接触到物体时会将其紧紧扣住。黄瓜、葫芦和豌豆都会长出卷须，这些卷须非常敏感，即便是最轻柔的触碰，也会让它们向被触碰的表面弯曲。

观察：

将一根细绳圈挂到笔直卷须的尖端（图 6.4），轻柔的触碰很快就触发了卷须的"扣紧反应"，卷须绕着绳子缠了很多圈。植物器官在感知到光、触碰和重力时都会发生弯曲。

求证：

一根直的豌豆卷须对手指的短暂触碰会有反应吗？还是只有类似绳圈这样的持续性接触，才会让它做出反应？近距离（微距）观察茎

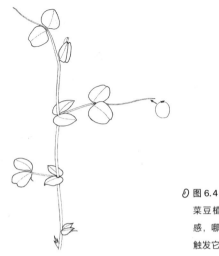

图 6.4

菜豆植株的卷须对触碰十分敏感，哪怕是来自绳圈的触碰都会触发它们的反应：弯曲和缠绕。

干、卷须、花瓣和根的弯曲，看看弯曲处两侧的细胞是否有明显差别（图 6.5 和图 6.6）。细胞间的这些差别将如何导致豌豆卷须或菜豆茎干发生弯曲？一种或多种植物激素又是如何参与卷须的这种卷绕行为的？

花朵、叶子和枝条的日常运动

你注意过蒲公英或田旋花的一天是如何开始，又是如何结束的吗？观察一下这些鲜亮的花朵对周遭世界变化的回应方式吧。在寒冷多云的日子，蒲公英的花朵保持紧闭；只有当太阳露出云端时，所有花瓣才会展开，迎接太阳。在温度、光照和湿度这些环境因素中，是其中一些还是全部因素引发了蒲公英花朵的这种行为？春夏时节，

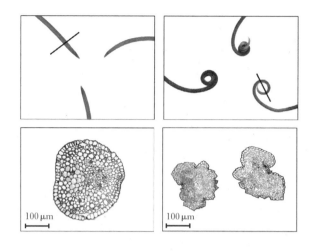

◖ 图 6.5

豌豆的笔直卷须（左上）被触碰
后很快转变为盘绕的卷须（右
上）。从这些卷须上取下薄薄
的组织切片，两处切取位置以
黑色线段标记，可以看出在由
直（左下）变卷（右下）的过程
中，组成这些卷须的细胞发生了
怎样的变化。

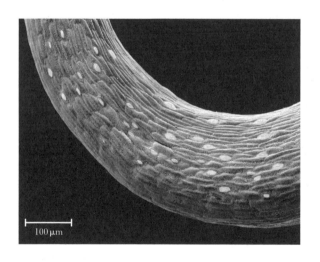

◖ 图 6.6

这张特写展示的是盘绕状态的葫
芦卷须，它的表皮细胞全部沿着
卷须向同一方向伸展。表皮细
胞之间存在的大量气孔（颜色较
浅、发白的部分）表明卷须起源
于变态叶。达尔文和他同时代
的人们都曾指出，卷须具有叶子
衍生器官的所有特征。

每当一天结束，田旋花的花瓣都会合上，直到新一轮日出后才再次开
放（图 6.7）。与此相反，依赖夜间飞蛾传粉的紫茉莉，直到下午晚
些时候才绽开，它们会一直开放到次日清晨。日出即放的花朵和日

◌ 图 6.7

田旋花会在每个早晨绽放花朵（左）。随着时间的推移，它们喇叭形的花朵会渐渐合拢（中图和右图）。这种合拢和打开的过程是花朵折叠行为（flower origami）的一个例子。

落才开的花朵对相同的环境诱因做出的反应完全不同。

　　许多植物叶子和花瓣的升降与昼夜的时间同步。由于这些运动如此严密地吻合光与暗的变化周期，它们被称为睡眠运动（图 6.8）。白天，叶子处于水平位置；一旦夜晚降临，它们就会调整为竖直状态。菜豆和车轴草的叶子，还有酢浆草（*Oxalis*）和苘麻（*Abutilon*）等杂草的叶子，都会随着日光的强弱上下移动。和许多植物运动一样，叶子的运动是水出入植物细胞液泡的运动造成的。水进入液泡时，膨压升高，细胞膨胀；水从液泡流出时，膨压降低，细胞收缩。叶片局部的数百个细胞膨胀，宏观上叶片就处于水平位置；同样在叶片的这部分区域，当这些细胞收缩时，叶子就处于垂直状态。

◎ 图 6.8

对同一棵菜豆苗在早晨（上图）和晚上（下图）拍摄的照片。

在日落与日出之间的睡眠运动过程中，一棵树甚至会移动整根枝条。在一天结束时，树会稍作休息，垂下枝条，直到次日早晨才又抬起。在平静无风的日子里，通过用激光扫描桦树枝条不同时刻所处的位置，科学家得以精确地监测枝条的运动。他们的观察结果表明，每一天从早到晚，桦树的整根枝条都在起起落落。通过对全树 24 小时不间断的激光扫描，科学家测量出随着它们晚上的下落和白天的再次抬起，枝条每天大约会移动 10 厘米。无论是组成菜豆叶子的几百个细胞还是构成树枝的几百万个细胞，细胞膨压的变化和随之而来的细胞体积变化都是植物运动的原动力，这种运动能力一度被认为是动物独有的。

观察：

在玉米地里，每天随着日升日落，植株的叶子会卷曲和打开。太阳高高升起时，玉米叶会卷起来，保护它们的上表面免受正午阳光的炙烤；当太阳西沉时，它们又会再次打开。玉米叶的这种日常运动可以减少叶子日常承受的干热阳光，有助于叶子和植株保持珍贵的

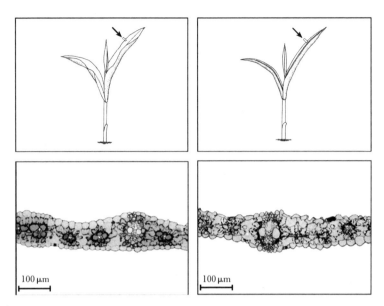

◑ 图 6.9

在炎热干燥的日子，浇足水的玉米植株清晨平坦的叶子（左）到了下午便很
快卷起（右）。从这两种状态的玉米叶上取下小而薄的组织切片（箭头和方块
标记处）。在下方的两张截面图中，可以看出每片叶子的细胞对于不同水分和
日照条件的反应。

水分。当叶子的下表面比上表面扩展得更多时，平整的玉米叶就会
变得卷曲（图 6.9）。

求证：

卷曲玉米叶和未卷曲玉米叶的横截面可能会有哪些差别？图 6.9
（下排）展示了这两种横截面。看图思考：细胞层面上的哪些不同
可能引发了叶子的卷曲现象？造成这些不同的起因又是什么？注意这
些植物细胞有着坚固的细胞壁，对它们而言，吸水和排水都十分容

易，植物细胞在膨胀或收缩时并不会发生爆裂或塌陷。这些微小的单个细胞的收缩或膨胀，在宏观上会表现为整个组织的运动，例如叶子、叶柄和花瓣的运动，这些组织均由数千个细胞组成。

观察：

所有植物都会从土壤深处将水和溶解在这些水中的营养素运送到它们顶端的叶子。这种传输量巨大的长途液体运输，并不需要植物额外耗费自身的能量。得益于来自阳光的能量，水会通过叶表许多微小的气孔蒸发，这种现象被称为植物的蒸腾作用，从生物学上来说和动物流汗差不多。从叶表散失的水会对植株低处的水产生拉力。这好比用吸管喝水，杯子中的水会被吸入吸管，水在其中向上移动。每一株植物都有许多这样的"吸管"，其形式为首尾相连的中空细胞构成的通道，它们从根尖延伸至叶尖。这些中空的木质部细胞构成了植物维管系统中向上输导水和营养素的那部分。（图 3.10；关于植物维管系统的细胞，在第二、三、五章有大篇幅的讨论和图解。）

有些人自己动手砍伐圣诞树，他们会把树干切口放在水盆中，以维持树的新鲜度，这时很容易发现一棵小树从根输送到叶的水量有多么惊人——一天至少 1 升水——即便此时树与树根已经分离。在温暖的夏日里，一棵大树的木质部细胞一天可以从土壤输送 400 升水到叶尖。

基部浸在染液中的芹菜茎干（无叶的那部分）和胡萝卜根，展现出非凡的蒸腾能力。染液会沿着茎干和根向上移动，清晰地凸显出它们的木质部管道。这些芹菜茎干和胡萝卜根并没有叶子和气孔，它们的蒸腾能力说明气孔的存在对于蒸腾作用并非必需，这是因为芹

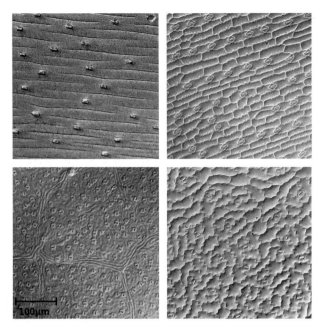

🎵 图 6.10
叶表气孔的排布很有规律。每种植物的气孔都有独一无二的排布方式。两个保卫细胞分别位于气孔的两侧。上排为单子叶植物：韭葱（左）和玉米（右）；下排为双子叶植物：栎树（左）和莴苣（右）。

菜茎干和胡萝卜根都有顶端和末端不封闭的木质部管道。

不同叶子的气孔数量和密度各有不同（图 6.10），但无论以哪种标准衡量，其数量都是惊人的。栎树叶每平方英寸有 650 000 个气孔，每一片栎树叶上约有 500 万个气孔；而玉米叶每平方英寸有 42 500 个气孔，每片玉米叶上约有 100 万个气孔。这些数不尽的气孔扮演着门卫的角色，水和氧气通过它们被排出，同时它们也是二氧化碳的入口，光合作用必需的原材料由此进入植物。叶表无数气孔的开合不但控制着植物从叶表蒸腾水分、为周遭环境补充氧气的速度，还控制着植物吸收二氧化碳的速度。正如第五章所指出的，在干热的日子里，防止水分流失的需求和吸收二氧化碳的需求同时存在。平衡这两个需求让植物处于进退两难的困境，但一些植物巧妙地解决了这一难题，它们会采用一种特殊的形式进行光合作用。数不尽的气孔孔隙及其两侧的保卫细胞对于整棵植株的健康非常重要，因为关闭气孔以保持水分的需求，始终要与开放气孔吸收二氧化碳以维持光合作用的需求相平衡。

植物面对干热天气时，不得不承受炎热和干燥的胁迫。在地下为植物提供水的根部会发出化学信号，告诉位于地上的叶子，植株正处于极端干旱的环境，从而减少从叶子气孔散失的水。

根部发送到枝叶的这种远距离信号，实际上就是多才多艺的激素——脱落酸。在这类环境条件下，它会诱使开闭气孔孔隙的两个保卫细胞失水收缩。当两个保卫细胞因脱落酸而缩小时，夹在它们之间的气孔便会关闭，阻止水分从这棵受胁迫的植物茎叶表面散失。

在发表有关攀缘植物的研究成果五年后，达尔文和他的儿子弗朗西斯撰写了《植物的运动本领》一书，在书中他们指出，植物的运动相当常见和广泛，"显然每棵植物的每一器官自始至终都在'回旋转头'（circumnutate），尽管通常幅度较小"。植物很清楚周边发生了什么，它们与人和其他动物有相似的知觉。我们已经知道它们对触碰、光、热和冷以及空气中的化学物质都会有所反应，也许植物真的会对音乐声做出反应——正如许多人声称的那样。

◖ 图 7.1

蟾蜍和老鼠正在花园边缘的杂草丛中探险。它们与许多昆虫共享这里的堇菜、蒲公英和田旋花。这些昆虫大多体积非常小，用放大镜才能看到。在田旋花的雌蕊和雄蕊之间，栖息着名为蓟马的微小昆虫，它的长度仅有 1 毫米，以田旋花的花粉为食。而田旋花叶子上的破洞是黄金龟甲虫（右上）及其幼虫啃食后留下的。

第 七 章

杂草的智慧：
植物如何面对
逆境

杂草何以成为杂草？是因为它们生长在人们不希望它们出现的地方。实际上，在草坪和花园之外，杂草既不难看也不有害，通常还显得很美，趣味盎然且用途颇丰。杂草和我们看重并在自家花园培育的那些植物，常常隶属于同一个科。比如菠菜和苋菜同属苋科，莴苣、蒲公英、苍耳和豚草都是菊科植物。然而大多数农民和园丁对杂草普遍持有极为厌恶的态度。除草剂在农用品和园艺用品商店中如此易得，品种如此丰富，恰恰反映出人们对杂草公开的敌意。

　　如果说现今的人们被杂草唤起的感情通常只有嫌恶，那么我们的先人对杂草持有的看法则更为平衡，带有的偏见较少。英国博物学家理查德·梅比（Richard Mabey）曾在其著作中叙述了历史进程中人类对杂草的爱恨情仇。我们的先人可能会由于在农田中除草而过度劳累，但他们依然视杂草为神圣之物，不仅因为它们可以用作药物，还因为它们颇负盛名的预测未来的能力。

　　虽然传统观点认为杂草几乎乏善可陈，但花园中的杂草实则大有裨益。这些"臭名昭著"的杂草的作用，可能会纠正一些人们长期以来持有的误解和偏见，证实那些言辞是对这些不受待见的植物的诽谤。几十年前，约瑟夫·科卡诺尔（Joseph Cocannouer）教授在《杂草：土壤守护者》（*Weeds: Guardians of the Soil*）一书中，阐述了杂草被埋没的诸多优点：

防止水土流失

根系生长能让板结的土壤变松软，改善土壤结构

为土壤补充有机质

杂草根系比作物根系更深，可以将土壤深处的矿物质带到土壤浅层

滋养和重建土壤生态

保存和回收那些原本会被冲走的营养素

吸收大气中的二氧化碳

为动物提供栖息地，提高生物多样性（图 7.2）

作为土质的指示物

对于如何处理杂草这一问题，也许尊重和共存会是一种更为健康经济的方法。花园里总会有杂草，聪明的园丁乐于接受杂草带来的馈赠和智慧。保留一些杂草，与它们共存并理解它们的生存之道，比起用旋耕机和除草剂对它们宣战，也许会得到更多收获。

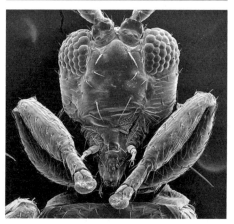

🖉 图 7.2

几乎每一朵花上都栖息着很多蓟
马，无论这棵植物是否为杂草。
在显微镜下，蓟马的复杂面貌特
征得以显现（上图）。对花园的昆
虫守护者来说，蓟马是营养丰富
的美餐。虽然这些美餐在我们看
来实在是"微不足道"，它们的身
体顶多和这句话末尾的句号一样
长。受杂草庇护的昆虫种类丰富
多样，蓟马也是其中一员。许多
对我们有益的捕食者和寄生者也
居住在杂草丛中，它们能够帮助
抑制食草昆虫的过度活动。

"一分为众"

被剁碎、翻挖和连根拔起之后，大多数植物很难存活；但对于某
些杂草，这些残酷的遭遇反而会提高它们的生存概率，甚至增加扩
繁的机会。类似马铃薯块茎及大蒜鳞茎，这类杂草长有许多分生芽，
它们有着不可思议的生成完整新植株的能力，可以无视人们的凌虐，
继续扩大势力范围，并且旺盛地生长。地下茎或鳞茎的每一枚小片
与杂草母株分离时，无论大小，只要上面有至少一个芽，它就能以一

棵新植株的姿态开始自己的生命历程。一棵植物可以很快发展成许多棵，即"一分为众"（与美国国徽上的"合众为一"恰好相反）。

观察：

有些杂草的"杂草特质"非常显著，其中三种植物尤以坚忍和机智名列前茅。这些杂草会如此成功，是因为它们和大多数植物不同，哪怕整棵植株被连根拔起，被翻耕于土下或被碾碎扔在太阳下晒干，只要根茎碎片还有一些存活的干细胞，它们就能再生出一棵全新的植株。由于它们体内干细胞的战略性布局，任意植株碎片都能在几乎所有根除它们的企图中幸存下来。经历翻挖、践踏和耕作，诸如田旋花、偃麦草和马齿苋一类的植物并没有被击败，它们借由母株碎片起死回生，恰似神话中涅槃的凤凰。

偃麦草有二十多个俗名，还有至少三个拉丁名——*Elymus repens*、*Elytrigia repens* 和 *Agropyron repens*。它在禾本科中的位置，甚至连分类学家也没有达成一致意见。但至少大家都同意种加词 *repens*（意为爬行）是最适合它的，因为它的地下茎，或称根状茎，会在地下四处爬行蔓延（图7.3）。我个人比较认同属名 *Agropyron*，因为它很好地诠释了这种杂草的根状茎"爬过"一块田地的速度之快（*agro* 意为田地；*pyron* 意为火）。根状茎的长度方向上，每隔一两英寸就有一个节点，节点上有芽，可以形成根和枝干。只要有一个节点和其中的分生组织幸存，这种名称繁多的杂草就能顽强地活下来，即便被翻挖、喷施除草喷雾甚至连根拔起。

而田旋花（图6.7和图7.1）成功的秘诀在于它的地下后备队。秀丽的粉色花朵和小巧的箭形叶子掩饰着它地下的强壮身形。田旋

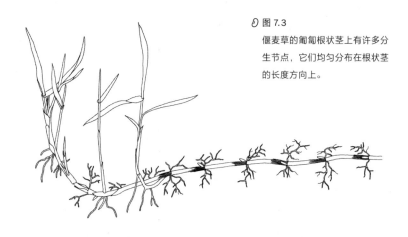

图 7.3

偃麦草的匍匐根状茎上有许多分生节点，它们均匀分布在根状茎的长度方向上。

花的花和叶子通常在地上不过一两英寸宽，根部在地下展开的尺度却是地上部分的 100 倍还多。它的根可以潜入地下 20 英尺深，一个生长季可以侧向伸展 10 英尺。

马齿苋的茎干被锄头或耙子砍断后，切口的每一个表面都具有干细胞，能够长出根系（图 7.4）。这些在植物不寻常部位出现的根被称为不定根。在不寻常部位生根的能力赋予这种杂草非凡的韧性，是它们在多数逆境下依然可以存活的原因。你觉得马齿苋哪个分生区域的干细胞能够分裂形成这些不定根？

介绍了上述杂草不被欣赏的优化土壤等杰出品质之后，我们还要补充一句，堇菜、蒲公英、垂序商陆、藜以及马齿苋一类的杂草，还以它们的美味及营养价值而为人们所喜爱——至少在早春它们的新枝还幼嫩鲜甜时是这样。拿马齿苋来说，它恰巧是一种色彩鲜艳、口感爽脆且营养丰富的杂草，也能当作美味健康的花园绿色蔬菜，用来做沙拉、炖汤或者炒菜，而且不只春季，整个夏天都可以采摘使

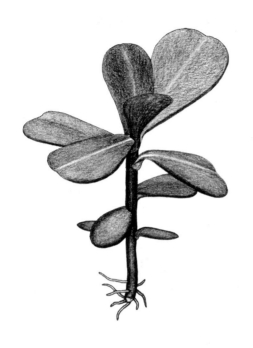

○ 图 7.4

无论马齿苋的茎干在哪里折断，
那里的分生组织干细胞都会形成
不定根，这就是这种杂草惊人的
复活能力之源头所在。

用。1854 年，博物学家及作家梭罗在瓦尔登湖过着自给自足的生活，
他偶然发现马齿苋这种野草居然格外美味："我做了一顿极为满意的
晚饭，其中一处亮点就是用马齿苋做的菜……我从玉米地里采回它
们，只是煮了煮并加了些盐。"最近的研究发现，马齿苋不但富含维
生素 A、B、C 和 E，还含有大量 omega-3 脂肪酸。梭罗如果知道这
些，大概会更爱吃马齿苋吧。

求证：

杂草会透露很多有关土壤状况的信息，包括肥力、酸碱度、湿度
以及结构。科学家弗雷德里克·克莱门茨（Frederic Clements）以研

究植物和环境的关系著称，他强调："每棵植物都是环境的指示器。"有杂草作为参考，改良它们所在的土壤或用适应同样土壤条件的蔬菜替代它们时，我们能做出更明智的决定。

许多杂草似乎在酸性土壤中长得较为旺盛，比如蒲公英、毛蕊花、酸模和车前。尽管酸性土壤的表土中缺乏钾、磷、钙和镁等营养素，但这些杂草能够把它们的根扎得足够深，以利用渗入底土的矿物质。其他杂草的存在则说明土壤碱性较强，比如独行菜、剪秋罗、野胡萝卜。大戟、萹蓄、菊苣、田旋花、偃麦草和田芥菜会生长在结构差的板结土壤中，而马齿苋、繁缕、藜、拉拉藤和苋菜只有在结构上佳的肥沃土壤中才会茁壮生长。杂草提供的线索不仅仅暗示了土壤中无机营养的储备，还会透露出土壤所含有机质的数量及松软程度等信息。

通常只要改良土壤的结构，往土壤中添加健康的营养而非除草剂，就能够控制杂草数量。不要用有毒有害的昂贵化学药物来消灭杂草，现在有许多明智而环保的方法能够控制杂草的生长。相比前者，这些做法更加有创意且回报丰厚，效果令人满意得多。既然杂草会透露它所在土壤状况的信息，你也可以考虑把它们挖出来，用适应同样土壤条件的蔬菜或花卉替代它们。

对土壤施用草木灰，不但在表土中增加了有益植物健康的必需营养素（包括钾、磷、钙和镁），对于特定植物来说土壤环境也会得到改善，因为这些植物不喜欢偏酸性的土壤，而施用草木灰通常能降低土壤酸性，稍稍提高土壤的 pH 值。因此草木灰也会抑制喜酸的杂草。做法是在种植作物前施用它们，并把它们均匀地撒在土表。每100 平方英尺施用 5 磅草木灰（相当于每平方米施用 0.25 千克），即可提供足量的 4 种矿物质营养素,它们在草木灰中含量最为丰富,而且所有植物都需要它们;当然,不同植物对这些营养素的需求量也有所差别。

在花园中,车轴草通常被当作杂草。和同科的其他植物(如豌豆、菜豆和紫苜蓿)一样,车轴草根部有根瘤,其中栖息的根瘤菌有着非凡的能力,能够吸收空气中的氮气——植物无法利用的一种氮的表现形式——并将其转化为类似氨和硝酸盐这样的植物可利用的形式。(有关车轴草和它的亲戚们自产氮肥的能力,我们将在第十章做进一步探讨。)氮气的体积占空气总体积的四分之三。这种将氮气转化为氨或硝酸盐的高能耗过程被称为固氮。细菌是唯一一种拥有这种非凡能力的生物。由于合作者细菌的存在,车轴草的根便拥有了自己的内嵌式氮营养素来源,于是它们能够在其他植物难以存活的低氮土壤中茁壮生长。在花园土壤里加入富氮肥料,可以帮助园艺植物与车轴草竞争。

和草木灰一样,厩肥也是钾和磷的优质来源,它还同时含有草木灰中没有的氮和有机质。新鲜厩肥含有相当多的水。施用厩肥时,建议用量为草木灰的 6—7 倍(即每 100 平方英尺 30—35 磅,相当于每平方米 1.46—1.70 千克)。同时记得要从喂食紫苜蓿或梯牧草饲料的马厩获取厩肥,以确保其中不掺有杂草种子。

在种植季开始前至少一个月,于花园中划定四小块实验区域。用锄头除草。不要用旋耕机等深耕土壤,以防将深埋的种子带到土表,促使它们发芽。此外,潜伏于地下参与花园建设的许多生物,也并不喜欢它们的家园被这类机器大肆破坏。杂草除净之后,再用以下方法分别处理四块实验区域中的土壤,然后比较整个春夏生长期的杂草和作物生长情况。

1. 只施用草木灰

2. 只施用厩肥

3. 同时施用草木灰和厩肥

4. 不施用肥料

这个实验旨在验证：增加矿物质营养素和有机质能够阻止一些或大多数杂草在花园中生长。

杂草如何应对竞争者

生态学研究的不只是生物和环境之间的相互作用，还有生物之间的相互作用，很多情况下它们实际上是竞争关系。而化学生态学是对次级代谢的研究，这些化合物调控着上述相互作用。代谢物指的是生物体通过各种代谢途径产生的化学物质的总称。对于植物的繁殖、生长和发育必不可少的代谢物被称为初级代谢物，如氨基酸、激素和维生素等。除此之外，植物与生俱来的那些复杂的化学过程涉及大约 20 万种化合物，它们对于植物的生存并非必需，但仍然非常重要，因为它们关乎植物与环境的交互沟通。这些化合物被称为次级代谢物，包括色素、引诱剂、驱虫剂和抑制剂，除了调节与昆虫及其他植物的交互作用之外，其中不少化合物还是人类医药和健康饮食的重要组成部分。

次级代谢物是植物间相互作用的媒介，杂草的成功秘诀之一是：它们的种子能够抑制周边植物种子的萌发。因为周边的这些植物可能会和它们争夺光照、水和营养。化感作用（allelopathy）又称异种克生，用于描述一种植物的生长被另一种植物所抑制的现象。而在这种抑制作用中涉及的次级代谢物被称为化感物质（参见附录A）。

咖啡和茶树的植株中含有被称为咖啡因的化学物质，它可以驱散人们的倦意，让我们保持思维活跃，但在植物生命中，它却扮演了极为不同的角色。咖啡因是某些植物自然产生的化合物，它是植物用来抵御昆虫和真菌侵害的物质，起到天然杀虫剂的作用。咖啡和茶树的种子所释放的咖啡因还会抑制周边植物发芽，这些潜在的竞争者会和它们争夺光照、水和营养。产生这种抑制性化学物质的种子，在平日里会把它们的"利器"安全地储存起来备用。为避免自身的萌发受到抑制，种子将这些化学物质释放到周边土壤中的同时，还会产生用于"解毒"的化学物质。无论它们面对的是多大剂量的抑制性化学物质，这些解药都能使之失去活性而无法起效。

求证：

把蔓菁的种子放在温暖房间的潮湿土面上，两三天内它们就会发芽。其他十字花科植物的种子也是如此，例如西蓝花和萝卜。因此研究天然化学物质对种子发芽的影响时，它们是极佳的实验对象。而咖啡因是完美的测试物：罐装速溶咖啡在食杂店里有售，含咖啡因和不含咖啡因的都有。

在一个培养皿里放少量含咖啡因的速溶咖啡，另一个用作对照的培养皿内放入等量的无咖啡因速溶咖啡，这一简易的实验可以验证咖啡因抑制种子发芽的假说。在两个培养皿底部铺上滤纸。将 1 克含咖啡因的咖啡粉溶解在 20 毫升蒸馏水中，以同样的方法制作等量的无咖啡因的咖啡。在两个培养皿中分别加入足量咖啡（大约 5 毫升）以润湿滤纸。然后在滤纸表面各撒 50 粒蔓菁种子，等待发芽的初始迹象出现。

除了拥有一般杂草所具备的优点之外，偃麦草还以其化感作用著称。为了验证偃麦草的这一声誉是否名副其实，我们来比较一下蔓菁种子对各种不同的植物汁液有何反应。用压蒜器将偃麦草的根状茎、蒲公英茎干和苋苣叶各榨半茶匙（约 2.5 毫升）汁液。往每种植物汁液里加 5 毫升水，再用它们分别浸润三个培养皿中的滤纸。接下来，在每个培养皿润湿的滤纸上撒 50 粒蔓菁种子。通过测试可以了解不同植物的汁液对蔓菁种子发芽的影响，这是相当简单有效的一种方法，能够评估杂草甚至花园蔬菜的化感作用。

向四面八方传播种子

杂草的另一个成功秘诀是，它们不但能产生许多种子，还能将种子尽可能大范围地传播出去。和菠菜同属一科的苋菜，单棵植株一个夏天就可以产生多达 20 万粒种子。在这方面，马齿苋是高产纪录的保持者，单株产出的种子可达 24 万粒。

当然，如果杂草种子所处的环境对于萌发来说不够理想，这些种子也会停止萌发，保持假死状态长达数十年。苋菜和豚草的种子可以在休眠 40 年后苏醒并发芽，酸模和月见草的种子沉睡 70 年后仍能萌发。和第一章提到的西伯利亚苔原上古老的蝇子草种子不同，大部分种子不可能沉睡上万年；但只需几年时间，土壤中就会累积大量有活性的杂草种子。

对于一些多才多艺的杂草而言，四处传播种子也是取得成功的策略之一。它们当中的部分成员会依靠风和水的帮助。蒲公英、蓟和马利筋的种子带有柔毛，会随着气流被带到空中；马齿苋和偃麦草的种子微小而轻盈，雨和融雪产生的水流会把它们带到远方。

杂草招募的帮手还有野生生物。有些植物会消耗自身能量打造一些特殊结构，或者便于飘在空中或浮在水面，或者可以黏附于周边流连的动物身上，或者吸引生物食用果实的某些部位或种子的附属物，而又不会破坏种子中包含的胚。有些杂草的果实会炸裂，可算是"响当当"的自体传播（autochory）的例子，这种传播完全依靠植物自身完成。但自体传播的效果常在蚂蚁的帮助下得到加强，也被称为蚁播（myrmecochory）。有些种子附带富含蛋白质和油脂的结构（图 7.5），这种被称为油质体（elaiosome）的结构富含能量，对蚂蚁颇具吸引力。油质体由种子或果实的特化细胞演变而来。蚂蚁采集这些油质体作为蚁群的食物，而后会把坚硬的种子丢弃在蚁群的垃圾堆里。在蚁巢舒适而营养丰富的环境中，这些种子感受到回家般的温暖，它们会就此萌发，向下长出初始根系。有时这一地点距离母株可达数米之遥。

杂草招募大大小小的动物帮助自己传播种子。鸟类、老鼠和家畜热心地食用各种杂草的种子，之后那些种子在它们的粪便中发芽，通常与亲本杂草相距甚远。许多杂草的英文名称便暗含了它们的秘密：比如苍耳（cocklebur，bur 意为芒刺）、牛蒡（burdock），又如

1.0mm

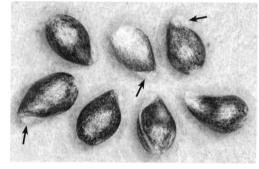

⟋ 图 7.5

　　许多杂草借助种子上的油质体（箭头所指）吸引蚂蚁，从而把这些种子搬运到依靠植物自身可能永远无法到达的地方。上排：蓼（左）、刺黄花稔（右）；下排：堇菜（左）、独行菜（右）。左上图中的比例尺适用于四张图片。

山蚂蝗（tick trefoil，tick 有虱子的意思，比喻果实像虱子一样"叮在"动物身上）、假鹤虱（stickseed，stick 有黏附之意），再如鬼针草（beggar-ticks）。这些植物的每一粒果实表面都有非常细密的小钩，能够执着地钩住任何质地不那么光滑的动物毛皮或人类衣服（图 7.6）。

1.0mm

5.0mm

5.0mm

5.0mm

5.0mm

1.0mm

1.0mm

⟲ 图 7.6

　　杂草的果实凭借它们密布小刺的外表，可以牢牢地抓住动物毛皮或人类衣服。
它们经常会被带到远离母株的地方。上排：牛蒡果实及其表面小钩的特写；中
排：苍耳（左）、鬼针草（中）、北美路边青（右）；下排：假鹤虱的刺果和其中
一对刺果的特写。假鹤虱的刺果是黏着力最强的一种刺果，每一根刺的尖端都
不止一个小钩，而是五个（箭头处）。

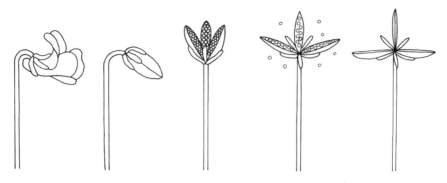

◗ 图 7.7

　随着堇菜蒴果的炸裂，种子四处散播。

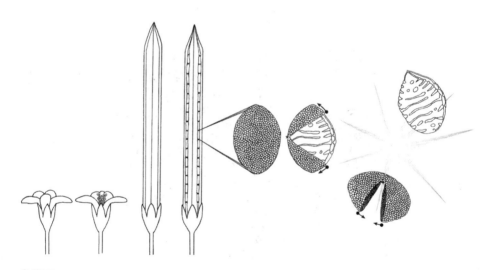

◗ 图 7.8

　当酢浆草散播种子时，包裹着每粒种子的湿润多孔隔膜收缩开裂（而不是整个蒴果收缩和开

　裂），促使种子被有力地推出。

🜋 图 7.9

野老鹳草的种子借由蒴果的爆裂四处扩散。

观察：

从爆裂的果实向外喷射种子是一种相当有效的传播策略。果皮在温暖的阳光中失水干透后会快速收缩，进而造成果实爆裂。这种现象背后的推动力是失水过程中种子受到的压力。堇菜果实外壁的收缩，会导致它们的种子受到突如其来的挤压，并被强有力地发射出去（图 7.7）。酢浆草蒴果中的每颗种子都被单独包裹在一层柔软湿润而有弹性的膜中。当这层膜变干收缩之后裂开，由内而外翻转时，就会猛烈地喷射出内部的种子（图 7.8）。

有些花园里种有野老鹳草。这种植物得名于其果实中央的鸟嘴状结构。这一尖尖的结构很像鹤细长的喙 *，实际上是花朵雌蕊的残留物。野老鹳草的果实迸裂时，种子会被发射到极远的地方。刚开始时，它的果皮先是裂为五条果瓣，紧接着果瓣迅速收缩卷曲，将松散地附着在侧壁上的种子投射出去（图 7.9）。

---

* 野老鹳草的英文名称是 cranebill，意为鹤嘴。鹤与鹳同属鹳形目鸟类，但相比之下，前者的喙更加纤细。

和野老鹳草同属牻牛儿苗科的另一些植物，其果实中央也有类似的"鸟嘴"，比如牻牛儿苗属（*Erodium*, *erodios* = 鹭）的鹭嘴和天竺葵属（*Pelargonium*, *pelargos* = 鹳）的鹳嘴。它们的种子不会像弹丸一样被发射出去，五粒种子仍旧连着那五条裂开并卷曲的果瓣。每一条果瓣都呈螺旋形。那些连着螺旋果瓣较重一端的种子会落到地上。当空气中的水汽使它们膨胀或收缩时，这些果瓣就会像钻头一样旋进土壤。

观察：

采集堇菜、野老鹳草和酢浆草的果实。把连着这些果实的茎干插在小烧杯中。将烧杯放在一张白色大床单中间，看看果实能把种子喷出多远，以及哪种植物喷得最远。确保支撑果实的茎干竖直，以便果实能在明显高于烧杯边缘的位置散播种子。如果把一个稍大的轻质塑料杯扣在烧杯上，你将会听到种子撞击杯壁时发出的砰砰声。在接下来的数小时到几天之间，观察这些种子被投掷到了距离茎干多远的地方。

一些积极进取的杂草拥有不止一项种子传播策略。堇菜就是一个很好的例子，它的种子不仅会被爆发式地推出蒴果，其美味的油质体也极具吸引力。堇菜种子能够自体传播，同时也会依赖蚂蚁将它们搬运到自航范围之外的地方。显然，为保证自己的广泛传播，堇菜为种子上了个"双保险"。难怪堇菜随处可见，在不施用除草剂的草地上，它们恣意生长，形成引人注目的蓝紫色地毯。

求证：

在花园中，杂草应该被当作可利用的同盟而非敌人。许多杂草有着极深的根系，可以把许多蔬菜无法获取的土壤深处的营养素带到表土。它们四处伸展须根，疏松板结的土壤，为紧跟其后的蔬菜根部"杀出了一条血路"。在花园中以杂草作为覆土介质（mulch），能够在蔬菜根系可及的地方增加营养，并有助于保持水分、改善土壤结构。它们不但为养护土壤的分解者提供了栖身之所，也让那些食草害虫的天敌得到庇护。

利用杂草的智慧和优点来改善花园的方法还有很多，有待我们去探索。需要注意的是，如非必要，切勿进行耕作。耕作土地会唤醒休眠的种子，最好让"沉睡"的杂草埋藏在土壤深处。耕作还会打扰在土表几英寸范围生活的无数生物。而这些地下生物的活动能够促进有机质和无机质的混合，让土壤更加松弛，并且回收营养素，从而持续改善土质。

剪除两年生或多年生杂草，要在它们的生长季某个恰当的时候进行，也就是当它们长到最大高度并开始开花时。这样才能真正防患于未然，否则它们很可能在来年再次冒头。它们已经耗费了如此多的能量，输送了那么多营养到花芽和地上植株部分，这时把它们齐地面割掉，剩下的杂草残桩与根部的能量和营养都已耗尽。原本这些能量和营养会在生长季末被返还给根部，这些储备将在地下韬光养晦一个冬天，只为了让植株到了春天能充满活力地重新发芽。在初花时剪除这些杂草，它们便没有了种子的来源，剩下的部分又都会腐烂，这些营养素和有机质也就被献给了花园土壤。这些杂草耗尽了原本能让自身重新萌发的资源，而它们的降解又把这些资源返还给了土壤。

还有一种更加环保可靠的方式，可以更有效地控制杂草，即对未耕作土地添加有机改良剂（amendments）。试试看，在你家花园里留一大块土地不进行耕作；用各种有机改良剂彻底覆盖土壤和任何冒头的杂草。在几英寸厚的各种改良剂覆盖下，杂草和它们的种子会被闷死。让土壤中的无数生物缓慢轻柔地将这些有机质和下面的矿物质颗粒混合在一起吧。这些生物也在耕耘花园，却不会将任何杂草种子带到土表。在工作几周或数月后（具体时间视季节而定），它们就为蔬菜种子备好了松软舒适的苗床。只要再稍微锄一锄、耙一耙，这些土壤就可以用来种植了；而附近的大多数杂草种子仍然沉睡在土壤深处，你的锄头和耙并不会惊扰到它们。

覆盖作物也称绿肥，是全年（这里指春、夏、秋三季）可播种的一年生作物。这些作物生长迅速，可以竞争得过杂草，同时还能为土壤增加足量的有机质。由它们形成的密集地被也会把企图在小块土地上站稳脚跟的杂草挤出去。作为冬季作物，它们能保护土表不受风蚀。它们的根部能疏松板结土壤，将矿物质从土壤深处带到土表；如果是固氮的豆科植物，如紫苜蓿、豌豆、菜豆、野豌豆和车轴草，还能为花园施加一剂氮肥。十字花科的覆盖作物，如蔓菁和油料萝卜，会产生硫代葡萄糖苷这种次级代谢物（详见第九章），简称硫苷。硫苷及其衍生物不但是人类饮食的健康补充，还恰好拥有异种克生的能力，可以抑制许多种杂草种子的发芽。覆盖作物释放的硫苷对人类有益，对于许多无脊椎害虫而言却是有毒的。和其他次级代谢物一样，硫苷也有双重作用，既可以作为异种克生的药剂，也可以用作防御性化学物质（详见第九章）。农民、园丁和科学家仍在不断发现各种极好的理由，促使他们把覆盖作物列入年度种植计划，

并力图确保土地上总是有作物生长，从而尽可能减少暴露的裸土（表
7.1）。

表 7.1　常见覆盖作物及其播种季节和密度

植物名称	播种季节	播种密度（磅 / 1000 平方英尺）
紫苜蓿 *	早春到夏末	0.5
大麦	早春到夏季	2
荞麦	春季到夏季	2.0—3.0
绛车轴草 *	全年可播	0.7
草木樨 *	春季到夏季	0.5
御谷	夏季	0.25
芥菜	春季到夏季	0.25
燕麦	春季到夏季	4
紫花豌豆 *	春季到秋季	3
萝卜	夏末	1
冬黑麦	全年可播	4
大豆 *	春季到夏季	4
向日葵	春季	0.25
蔓菁	春季或夏末	0.25
长柔毛野豌豆 *	全年可播	1
春小麦	早春	4

来源：改编自约翰尼精品种子公司（Johnny's Selected Seeds）的邮购目录。
注：有固氮能力的豆科植物以 * 标注。以粗体字标出的作物在抑制杂草生长方面尤其有效。

表中这些豆科作物和其他非豆科作物的混合种子包都可以在园艺用品商店购得。种植混合种类的覆盖作物，可以实现一举多得，即数种作物同时发挥作用，让土壤变得肥沃，控制杂草生长以及害虫的数量。在种植一茬春季或夏季作物前，先将已成熟的覆盖作物踩踏碾碎，这样土壤中的那些生物就能开始施展它们的魔法，将覆盖作物的残体转化为土壤有机质。这时的覆盖作物可以看作绿肥，它们会很快腐烂，所含的营养素和有机质被混入底下的矿物质土壤中。只要稍微锄一锄、耙一耙，这块土地就可以立即种植作物了。

厩肥对于花园土壤来说是优质的改良剂。每年冬天我会给自家花园施用大量厩肥。在地面覆上大约 3 到 4 英寸厚的厩肥，等待几周或几个月（具体时间依季节而定），待土壤中的生物完成最后的润色，这块土地就可以播种蔬菜了。到那时，厩肥已经和下面的矿物质土壤完美混合在一起，其效果可媲美园艺大师的手笔。

秋天的落叶是控制杂草的极好介质，而它拥有的另一项能力常常被人忽视，即提高土壤肥力。秋天，这些被扫到一起的叶子通常会被烧掉或送到园林垃圾回收中心。把它们切碎后加入花园土壤，可以帮助土壤中的降解者完成它们的工作。这些小生命不但在化学层面为土壤注入营养素，使土壤变得肥沃，同时还在物理层面促使土壤形成松软的结构。来年春天，等叶子降解成细小的碎片之后再锄地耙平，就可以撒播蔬菜或花卉的种子了。

另一种常常被浪费的营养来源是草碎，它其实是很好的杂草控制剂。在温暖的夏日里草坪每周要修剪一次，这会产生大量草碎。将其作为绿肥施用在两行蔬菜中间，可以闷死那些可能会冒头的杂草。另外，有些草类能释放化感物质，从而抑制周边杂草发芽和生长，并以此著称，如早熟禾。如果先用锄头挖出杂草，将其扔在阳光下暴晒，再把草碎加到土壤里，会更加有效。和其他绿肥一样，草碎的降解及其与下面的矿物性土壤混合的速度比干枯的秋叶更快；比起干燥的植物物料，绿色植物物料更富含氮元素，能够滋养数不尽的参与降解的微生物。

上面这些实验验证了一个假说，即与自然合作时，我们控制花园杂草的工作会变得更加简单有效。实验结果颠覆了传统的论断，即我们在园艺和农业上若想取得成功、获利丰厚，就必须使用合成杀虫剂、除草剂、化肥和旋耕机去对抗自然。

⌀ 图 8.1

一只美味多汁的蚱蜢跳入了这排色彩缤纷的厚皮菜丛中。老鼠和蟾蜍都在注视着它。灯蛾的幼虫（右下和左侧边缘处）正在啃食蒲公英和酢浆草一类的花园杂草。这些幼虫在来年变成蛾子之后，会造访许多花朵并为它们传粉。缘蝽（右上）正用它锐利的口器吸食杂草和蔬菜的汁液。黄蜂（位于左侧，毛虫的右边）在厚皮菜茎干中间穿行，寻找可以饱餐一顿的昆虫，而漏斗网蜘蛛（右下）一心等着昆虫不小心撞到它的网上。

◇

第 八 章

植物的色彩

植物的主要色彩是绿色，这是叶绿素分子赋予的。这种分子不但能透过绿光，还会吸收红光和蓝光所含的能量，从而驱动光合作用。各种彩虹般缤纷的色彩装点着绿色的植物世界，这些色彩排布成数不清的组合，令人赏心悦目。也有些色彩对我们并不可见，只有昆虫和鸟类才能看得到。我们看到的许多色彩来自那些仅由植物产生的色素分子：所有这些植物色素都会吸收那些我们看不到的颜色，透出那些我们看到的颜色。这些色素分子人体无法产生，但其中许多是人体不可或缺的维生素，还有一些能保护我们免受环境中各种毒素的不利影响。

华丽的色彩和图案装点着花朵、果实和叶子，为景观带来美感，同时也透露出这些植物的诱人味道和它们对健康的益处。当夏末番茄、辣椒和苹果成熟，秋季叶子老化时，红色、橙色和黄色的色素分子取代绿色的叶绿素分子成为主角。这些鲜亮夺目的色彩吸引着我们的视线，也唤醒我们味蕾中那些与夏秋丰收相关的可口味道的记忆。植物色彩带来的美感吸引着我们，而这些色彩通常也会透露许多信息，即植物含有何种营养素以及哪些有益于健康的物质。

赋予植物丰富色彩的多种化学物质

观察：

几乎没有哪种蔬菜的色彩能像厚皮菜这样生动而丰富，这些明亮的色彩来自被称为甜菜素的色素。厚皮菜、甜菜、紫茉莉、仙人掌和马齿苋，是花园中仅有的一些可以产生这些特殊的红、橙、黄色素的植物。这些植物的共同之处在于它们都是近亲，隶属于亲缘关系相近的几个科。甜菜素的作用类似抗氧化剂，这种物质可以保护我们的细胞不受环境中氧化剂（或称自由基）的损害。

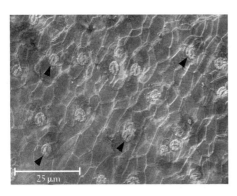

_◯_ 图 8.2

紫甘蓝（左）和厚皮菜（右）的色素细胞都含有红色的色素，但它们的化学结构极为不同。图中箭头标出的是这些叶子的一部分气孔。

而另一些花园植物,例如紫甘蓝、红辣椒、红番茄和红番薯,所
含的色素则完全不同,包括红、蓝、紫色的花青素和呈现橙黄色的类
胡萝卜素。虽然它们和甜菜素能呈现一些共同的颜色,并且同样是
强大的抗氧化剂,但分子结构完全不同(图 8.2 及附录 A)。

观察:

不同蔬菜可能颜色相同,但所含色素未必相同。化学属性不同
的色素也会产生类似甚至一模一样的颜色。将红辣椒和紫甘蓝,与
厚皮菜和甜菜放在一起,比较一下它们的颜色(图 8.3)。

求证：

紫甘蓝的红色和甜菜或厚皮菜呈现的红色在化学属性上的异同，可以通过简单的实验表现出来。在紫甘蓝汁和甜菜汁中加入易得的酸性或碱性溶液，比如白苹果醋或氨水，然后比较两种蔬菜汁的变色情况。备好紫甘蓝和甜菜，把这两种蔬菜分别榨汁并滤出汁水。将这两种菜汁装在大的封闭容器中，以便在冰箱中储存数周。在此期间，可以将每种菜汁分装到一排试管中，再在每根试管中加入等量的 pH 值已知的溶液。记下紫甘蓝汁和甜菜汁加入 pH 值不同的溶液后所发生的颜色变化。哪种色素变幻出的颜色更多？

受光变色的叶子和果实

植物细胞中包含绿色色素的细胞器被称为叶绿体。植物细胞有坚硬的细胞壁，即便能运动，运动的幅度也极小；但它们的叶绿体可以在植物细胞内自由游荡，通过不断改变它们在细胞中的位置，来避免受到过于强烈的光照。在强光照射下，叶绿体会从叶细胞内的任意位置移动到与进入的光线平行的叶细胞一侧，以减少接收到的强光。而在阴暗环境下，叶绿体则会回到"游荡状态"，有时甚至会迎向光线以吸收更多能量。

叶绿体不但会在细胞中四处移动，也会适时地发生改变。栖身于叶绿体中的两种色素——叶绿素和花青素——都不溶于水，它们位于叶绿体不透水的膜中。果实成熟时，其中的叶绿体会发生转变：红色和黄色的类胡萝卜素会取代色素细胞叶绿体中绿色的叶绿素。

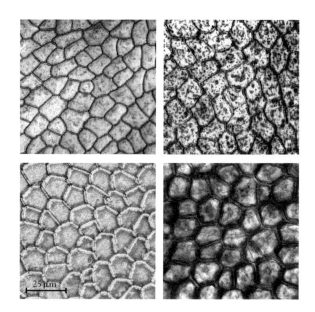

在绿辣椒和红辣椒（上排左、右）以及绿番茄和红番茄（下排左、右）的色素细胞中，最初的绿色叶绿体变成红色，被称为有色体。叶绿素集中在叶绿体的膜中。当番茄和辣椒成熟时，红色的类胡萝卜素同样位于这层膜中，这时叶绿体已转变为有色体。在番茄的色素细胞中，众所周知的番茄红素呈现红色，它是一种类胡萝卜素。

25 μm

这时未成熟果实中绿色的叶绿体就变成了成熟果实中橙色、红色或黄色的有色体（图 8.4）。

观察：

剪下一片叶子，放在培养皿上盖里铺着的湿巾上。彩叶草、喜林芋、芥菜和菠菜的叶子呈现均匀的绿色，是用于演示叶绿体移动的优质素材。在叶子上面放置不透光的材料，比如一片铝箔。现在再扣上培养皿下盖。把培养皿在有明亮阳光照射的地方水平放置 45 分钟。然后从装置中取出叶子，可以看到叶子上出现了一个由于叶绿体运动而产生的图案。取走铝箔，把叶子留在那个湿润的小空间中，或者提供光照，或者放在黑暗中，看看图案能保留多久（图 8.5）。

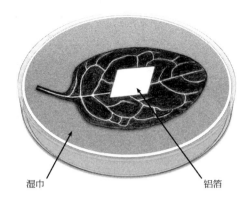

湿巾　　　　　　　　　　　　　　　铝箔

🎵 图 8.5

在培养皿盖子和湿巾上的绿色菠菜叶子之间夹上一片铝箔，然后用强光
照射。 这一装置可以演示光照强度如何影响植物细胞中叶绿体的运动，
促使它们重新排布。

观察：

要观察叶绿体在单个植物细胞中的运动，什么样的叶子才是理想
的材料？ 花园蔬菜的叶子相对较厚，好几层细胞叠在一起，想要清晰
地观察单个细胞比较困难。 常见的水生杂草水蕴藻，叶子极薄，仅
有两层细胞的厚度，使用小显微镜就可以方便而清晰地观察单个细胞
中的叶绿体运动（图 8.6）。 这种叶子可以从户外采集或者从水族店
购得。 从干净的池塘水中生长的水蕴藻上，取下一两片叶子放在载
玻片上，把细胞夹在载玻片和盖玻片中间。 在单个细胞中，可以看
到一个个翠绿色的独立小团块，即叶绿体。 在显微镜的亮光照射下，
你认为这些叶绿体会发生什么变化？ 在显微镜的灯照亮视野中叶绿体
的瞬间仔细观察，看看这些细胞中是否有任何活动的迹象。

10μm

🖉 图8.6

植物的运动大多相对缓慢，耗时
几分钟甚至数小时，在延时摄影
的图像中看起来最为明显。然
而，在有活力的水蕴藻叶子中，
绿色的叶绿体在细胞中到处移
动，其速度如此之快，甚至可以
用数秒或数分钟来测算。在特
定位置上标注的箭头是为了方便
比较在不同时刻叶绿体的运动情
况，上下两张图分别代表观察伊
始和3分钟时的视野。

求证：

你预测这些叶绿体会在细胞中怎样移动？这种池塘藻类的叶细胞
中是否有另外一种或者几种结构——无论可见或不可见——在协助
它们自由移动？根据我们所知的植物细胞显微结构（图I.5），你推
测什么结构能够推动这些细胞器在细胞中移来移去？

观察：

每到秋季，地球上的森林景观都会经历令人目眩神迷的色彩变
化。存在于片片绿叶中的叶绿素，整个夏天都在忙着获取能量驱动
光合作用，此时它们被千变万化的红色、橙色和黄色的色素组合所取

代。叶绿素分子以及橙色和黄色的被称为类胡萝卜素的色素不溶于水,共同存在于叶绿体的膜中。秋日,由于绿色的叶绿素减少,缤纷色彩的缔造者类胡萝卜素才慢慢显露出来。

源自水溶性色素花青素的紫色、红色和橙色,在秋天绚丽耀眼的树叶中也会显现。叶绿素和类胡萝卜素这两种色素栖身于叶绿体的膜中,而花青素和同样缤纷的甜菜素存在于植物细胞充满水的液泡中。每个花青素色素分子通常会和一个或多个葡萄糖分子成对出现,后者可以增加它在细胞液泡中的溶解度。随着液泡中的花青素-糖复合物的增加,细胞的膨压也会自然而然地增大,因为渗透作用会促使水进入细胞。除了对秋叶色彩的贡献之外,花青素还出现在早春那些尚未展开且不那么显眼的树木新叶中,例如栎树和槭树的新叶。由于花青素的存在,进入细胞液泡的水会不断增加,正在发育的叶子得以迅速舒展和生长。待到夏日树叶成熟,叶绿素的绿色将占据主导。花青素不但会在春天和秋天分别赋予新叶和老叶夺目的色彩,夏天花园中许多花朵和果实的艳丽也要归功于它。

花青素和甜菜素都能保护幼嫩的新叶和秋天的老叶,防止它们受到寒冷和干热天气的侵害。因为它们在液泡中的存在,水会通过渗透作用进入液泡。这种吸水能力使得含有色素的细胞即便在干旱天气也有充足的含水量。而在气温降至冰点以下的日子里,由于细胞中的水溶解了许多色素分子,细胞内部水的冰点会降低,能够有效防止会导致细胞破裂死亡的冰晶的形成。这和在道路上撒融雪盐预防结冰是同样的原理。所以除了给景观增色添彩,多才多艺的甜菜素和花青素还能确保植物细胞安然度过逆境。

和甜菜及厚皮菜中的甜菜素一样,花青素也是强大的抗氧化剂,可以摧毁有害的自由基。这些自由基通常会在我们的身体中形成，并在人体细胞中大搞破坏。自由基的不成对电子会导致氧化反应发生，并且改变细胞中许多化合物的化学性质。而抗氧化剂会贡献电子，在细胞被破坏前中和这些自由基。红色、蓝色、橙色的水果蔬菜中含有丰富的抗氧化剂，在饮食中增加这些果蔬对健康大有好处。

对植物自身而言，这些缤纷的抗氧化剂能够吸收紫外线，为植物细胞遮挡烈日。春天，把在室内播种长出的甘蓝和西蓝花小苗移植到户外花园，它们会从绿色转变为紫色。这些小苗原本在窗玻璃后面受到保护，免受阳光中紫外线的侵害。在阳光下沐浴几天后，幼苗绿叶中的细胞就会开始产生紫色的花青素，这是植物为自己准备的天然防晒霜。

求证：

如果花青素有为植物细胞遮挡紫外线的作用，那么阳光中紫外线强度的变化会使植物细胞增加或减少花青素的生成。花青素会赋予苹果、桃子和草莓红色，赋予李子和葡萄紫色，赋予茄子深紫色（图8.7）。这些果实的表皮细胞中都有装载着花青素的液泡。给正在成熟的红苹果或海棠果套上纸袋，可以减少或消除这些含有色素的果实接受的阳光。套袋几天后，果实里的花青素含量将会如何变化？去除袋子，让果实重新接受日光照射，花青素会开始增加吗？

通过让成熟中的苹果或桃子的不同部分接受不同成分的阳光，我们可以验证这个说法——阳光中的紫外线波段会诱导果实色素细胞中花青素的产生。在苹果已经长成但尚未熟透（仍然绿色多于红色）时，将一个苹果包在防紫外线的透明聚氯乙烯薄膜中，另一个包在不

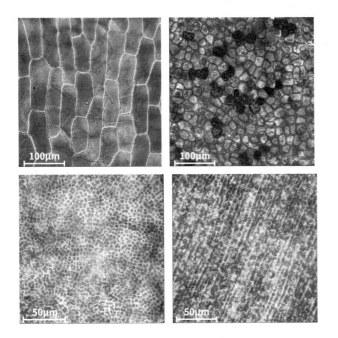

◐ 图8.7

水果蔬菜表皮的色素细胞液泡中
含有花青素。上排从左至右为：
紫洋葱、蓝莓；下排从左至右
为：苹果、茄子。

防紫外线的透明聚乙烯薄膜中（普通透明塑料袋即可），第三个苹果
不套袋，直接放在阳光下。等未套袋的苹果变成全红时，把三个苹
果的颜色进行比较。

　　对于秋叶红到耀眼的那些树木，例如槭树、山茱萸、枫香或蓝果
树，它们受到的光照强度会影响树叶颜色的深浅吗？相比最外面的
叶子，那些受光较少的内层叶子是否没那么红？那些生长在没有遮蔽
的山脊或开阔的城市景观中的树木，比起那些生长在深暗沟谷中的树
木，是否有更浓烈的秋色？

图 8.8

可以用作天然染料的植物太多了。洋葱表皮（左下）可以将物
体染成橘色。用紫葡萄（左上）能够提炼蓝紫色的染料。煮过
的罗勒叶子（右上）不但有诱人的香味，还能将物体染成紫灰
色。漆树的红色果实（右下）则会赋予被染物一种柔和的红色。

可用作染料的植物色素

观察：

植物以及它们的花朵、果实和根，有着万花筒般千变万化的绚丽
色彩。采集一些你觉得颜色极具吸引力的蔬菜或者植物的果实、根、
树皮和花朵（图8.8），用它们为棉布、亚麻布或薄纱织物甚至水煮
蛋染色。把这些植物材料切碎，加入两倍体积的水，煮沸后再炖1
小时，然后过滤，即得到染料。为了防止天然植物染料褪色或在洗
涤时被冲掉，织物或水煮蛋要先用固定剂或称媒染剂处理一下。这
个固色的步骤能确保随后加入的植物染料附着并固定在织物或鸡蛋
上，清洗后仍能保持原色。媒染剂可用1份白醋加4份水制得。用
浆果染色时，以8杯冷水溶解半杯食盐制成的固色剂效果最佳。盐

溶液和白醋的酸性有调节电荷的作用，可以使天然染料更容易与织物纤维结合。染布前，先把布料放在这种热固定剂中煮 1 小时。然后拿出织物，用冷水漂洗，再彻底拧干。把打湿的织物放在染料中，一直煮到它显现出你期望的色彩。（需要注意的是，织物晾干后会比湿润状态颜色稍浅。）戴上橡胶手套，把织物从染料中取出，用冷水清洗。彻底拧干织物并把它挂起来晾干。后续要用冷水洗涤这些天然染色的织物，并将它们与其他衣物分开洗涤。

为水煮蛋染色时，要把鸡蛋浸入冷的染料和固定剂中，配制方法是在每杯天然染料中加一茶匙醋。把鸡蛋和染料放到冰箱中冷藏，直到颜色看起来足够浓艳。小心地将彩蛋擦干，并用一点菜油擦亮。

求证：

你能预测出特定植物的染料混合物将赋予织物或水煮蛋什么颜色吗？杂草（比如蒲公英或车前）、蔬菜（比如甜菜或洋葱）和灌木（比如漆树和山茱萸）都可以染出一系列质朴的色彩，具体颜色取决于原材料选用的植物部位。用水煮蛋尝试这种天然染色过程，看看时间、温度、植物部位或白醋的浓度会对天然染料的效果造成怎样的影响，染出的色彩会有多么生动浓郁甚至出乎意料。把染好颜色的鸡蛋晾干后，用一点点油把它擦亮，看看它闪耀的色泽。哪种植物色素——甜菜素、类胡萝卜素或花青素——染出的颜色最为浓烈？

🎵 图 9.1

老鼠和蟾蜍正从香草丛中向外张望。在猫薄荷、欧芹、鼠尾草、迷迭香和百里香中，散布着寄生昆虫、食草昆虫和传粉昆虫。菊虎（左上）幼虫时期生活在土壤中，是动作敏捷的捕食者，但成虫时的主要生活内容是为花朵传粉。寄生蝇和繁缕尺蛾（左下）是花园里的传粉者，但它们的幼虫却扮演着迥然不同的角色。寄生蝇的幼虫寄生在椿象和缘蝽体内，而尺蛾的幼虫以一种名叫繁缕的花园常见杂草为食。椿象的成虫（右下）捕食其他昆虫。在尺蛾和椿象之间，正在啃食欧芹叶子的多彩毛虫是珀凤蝶的幼虫。这条毛虫被蟾蜍惊扰，于是头顶伸出亮橙色的触角，散发出难闻的气味，试图将天敌熏走。

第 九 章

植物的气味
与精油

欧芹、鼠尾草、迷迭香和百里香是我们最熟悉的香草，其诱人的香气源自它们的叶子、花朵和茎干中特殊细胞内的微小油滴（图9.2）。烹调用香草，如欧芹和百里香，可以为我们的食物增添风味；而其他香草，如猫薄荷，则能为家里的宠物猫带来幸福感。远在人类和猫发现香草的魅力之前，香草精油就已经保护这类植物不被昆虫觊觎达千年之久。这些精油都在植物次级代谢物的名单之列——这些化学物质影响植物与环境的相互作用，但并非植物自身的生存和繁殖所必需。这些精油或许对于昆虫并无毒性，但它们散发的气味会让许多昆虫感到厌恶，即便它们并没有在植株上大肆啃咬。虽然精油和植物的其他次级代谢物会让一些昆虫消化不良，但不少昆虫也找到了各种方法，以规避这些不愉快的邂逅，有些甚至逐渐喜欢上了这些精油赋予植物叶子和茎干的特别滋味。

植物特有的精油存在于它们表面特殊的腺细胞中。番茄植株那种辨识度极高的气味来自无数细微的腺毛，这些腺毛覆盖着植株的叶子和茎干。触摸并轻嗅葫芦的叶子，感受那些如天鹅绒般细密的茸

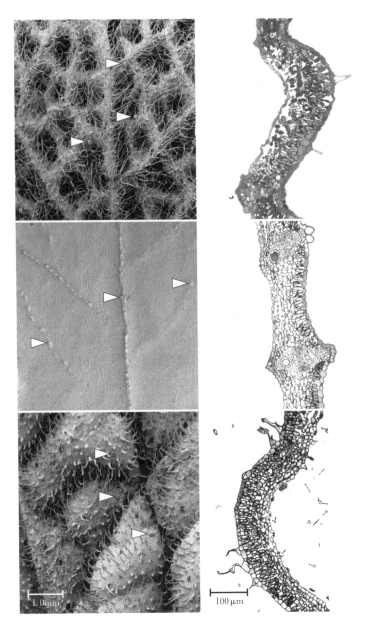

图 9.2

从上至下分别是：鼠尾草、欧芹和猫薄荷。左排：不同香草叶表的显微图像各有特色，
其间分布的形状独特的细胞（箭头处）是其特有气味的来源。右排：对应植物叶片的
横截面。一些气孔、毛（毛状体）和叶表腺体位于叶片的上下表皮当中。

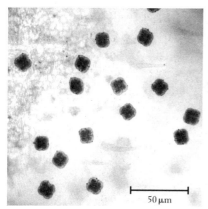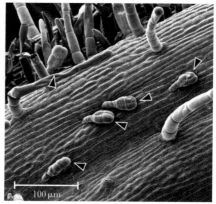

番茄（左图，光学显微镜下的图
像）和葫芦（右图，扫描电子显
微镜下的图像）的茎叶表面都覆
盖着一层毛状体。番茄叶子上
的四细胞毛状体看起来像深色的
棒棒糖，会释放出番茄特有的
不太好闻的气味。葫芦的卷须
（一种变态叶）上也有类似的四
细胞毛状体（箭头处），它们散
布在较高的尖刺状毛状体之间。

毛（图9.3）。这些茸毛由腺细胞组成，它
们的形状独特，散布在形状一致、排列整齐
的叶子表皮细胞之间，一眼就能找到。这
些腺细胞不但能通过散发气味驱赶某些昆
虫，同时对于许多微小昆虫来说，穿行这片
茸毛森林本身也是对体力的一项挑战。

　　番茄和葫芦一类的植物气味极具辨识
度，这些气味对于某些昆虫来说不合口味，
但却能让另一些昆虫感到愉悦。花园里常
见的植物中，有三个科——十字花科、葫
芦科和伞形科——特别值得一提，因为它
们含有的某些化学物质（附录A）会让特定
的昆虫种类垂涎。

　　十字花科植物，如西蓝花、芥菜、宽叶

羽衣甘蓝、羽衣甘蓝和蔓菁，所散发的辛辣芥菜味会吸引某些特定种类的蚜虫、跳甲、小菜蛾和菜粉蝶。硫代葡萄糖苷是赋予植物这种芥菜味的次级代谢物。这类化学物质在我们的饮食中是强效抗癌剂，因此食用上述常见蔬菜对于我们的健康颇有裨益，但对于许多昆虫、致病真菌和一些特定的植物来说，硫苷及其衍生物是有毒的。芥菜味背后的这类化学物质功能繁多，在花园食物链中也起着多种多样的作用。

伞形科植物，如莳萝、欧芹、欧防风、胡萝卜和茴香，会产生呋喃香豆素。这种化学物质对于一些昆虫来说是有毒的驱虫剂，但某些蛾类和凤蝶的毛虫能迅速将其转化为无害的形式。和其他昆虫一样，这些蛾类和凤蝶的成虫正是基于这种特殊的气味辨识出那些世世代代供养其族群的植物，并把它们选作幼虫将来的居所。

葫芦科成员，如南瓜、黄瓜、西葫芦和葫芦，含有的苦味化学物质葫芦素可以驱赶许多生物。但这种化学物质实际上也能吸引一些特定的昆虫种类，它们乐于"吃苦"。这些昆虫包括黄瓜甲虫、南瓜缘蝽以及南瓜藤透翅蛾的毛虫。

虽然植物遇到危险时无法逃走，但面对昆虫蠢蠢欲动的大颚或类似真菌一类的有害微生物时，它们仍可以巧妙地保护自己。大多数植物都会想方设法驱赶前来大嚼叶子或吸吮汁液的不速之客。而那些不在意植物的气味和质地，首次交锋后依然赖着不走的害虫，还将面对植物的后续防线。植物在受到昆虫啃咬和微生物入侵时会产生各种化学物质，其中一些物质能造成昆虫消化不良甚至令其丧命，从而挫败微生物和昆虫的攻击。

植物向同伴散发的警告性气味

次级代谢物不但是植物之间相互作用的媒介，也能帮助植物抵御来自昆虫和其他食草动物、真菌和细菌的攻击。据估计，次级代谢物至少有 20 万种。许多植物的细胞会持续产生这类化学物质，如硫苷和葫芦素（附录 A），以阻止昆虫啃食它们的叶子。单宁是菠菜（图 2.18）和栎树等植物叶子中常见的化合物，它能够与昆虫肠道中的酶或其他蛋白质结合，破坏食草昆虫的消化系统。鱼藤酮是一种由豆科植物产生的天然杀虫剂，也是广为人知的次级代谢物。这类化合物充当着植物的第一道防线。

植保素是另一类次级代谢物，与前述化学物质不同，它只在细菌或病毒等病原体侵入植物细胞时才会产生。在植株的伤口处产生的次级代谢物，通过将化学信号传遍整棵植株，促使植物做好准备，以应对所有其他地方遭受攻击的可能。这些化学信号不但能增强植物自身对后续攻击的防御能力，而且会向周边植物发出威胁将近的预警。

被攻击的植物会释放多种化学物质，通常是挥发性有机物（volatile organic compounds, VOC）。其中最主要的两种是水杨酸甲酯（以植物激素水杨酸为原料产生）和茉莉酸。当植物面对微生物或昆虫的攻击时，另一种植物激素乙烯也会与这些挥发性化合物协同作用。这些化学信号随着空气飘散，不但会被其他植物接收，起到警报的作用，也是向附近的昆虫捕食者和寄生者发出的"呼救信号"，它们会帮助植物度过危机。通过这些途径，VOC 能促使周边植物提高它们对饥饿昆虫的防御能力。当植物接收到 VOC 的信号后，会着手生产多种新的化学物质，在害虫到来之前就准备好一道周密的防线。

观察：

如果植物能够通过散发挥发性化学物质，向同伴传达危险信号，那么附近植物的反应会是增强它们对抗饥饿昆虫的化学防线吗？收到预警的植物能否阻止昆虫啃食自己呢？西蓝花、番茄和甘蓝等蔬菜的叶子常常被毛虫大肆吞嚼。如果你看到一些毛虫正在食用上述植物的叶子，试试看你能否阻止这些毛虫继续进食，甚至让它们停下？同样还是这些植物，挑其中一棵撕碎几片叶子，模仿被昆虫攻击的情形。在接下来几天中，比较"受害者"附近的植株（距离5英尺以内）和远处的植株（超出20英尺）在毛虫侵扰方面有何不同。叶子上依然有贪吃的毛虫吗？还是消失了？是否有些毛虫比其他同伴长得更快？一棵蔬菜遭受虫害后，在警告其他同类加强防御的同时，是否也会警告附近其他种类的蔬菜？

作为额外的预防性评估，你可以在那些极受食草昆虫欢迎的植物中间放一小瓶具有特殊香味的水杨酸甲酯。这种VOC是否能起到预期效果，即驱赶昆虫并防止它们啃食这些蔬菜？一旦食草昆虫发现了这些蔬菜，水杨酸甲酯能停止或减少它们对蔬菜的伤害吗？还是毫无效用？

求证：

如果天然植物激素水杨酸能诱使植物产生防御性化合物，抵挡昆虫、真菌和细菌的进攻，那么存在于药物阿司匹林中的相近化学物质

水杨酸　　　　　　　水杨酸甲酯　　　　　　　乙酰水杨酸
　　　　　　　　　　　　　　　　　　　　　　　（阿司匹林的成分）

◑ 图 9.4

天然植物激素水杨酸以及由这种激素产生的挥发性衍生物水杨酸甲酯，
和乙酰水杨酸（阿司匹林的成分）的化学结构类似。这三种化合物都
能起到抵御昆虫和真菌攻击的作用。

乙酰水杨酸，可以模拟这种植物激素的效用吗（图 9.4）？

　　在阿司匹林药片问世的几千年前，旧世界和新世界的人们就已经
发现柳树的内层树皮具有舒缓疼痛、消炎和退烧的神奇功效。但直
到 18 世纪，人们才从柳树皮中提取出这种化学物质，将其命名为柳
酸（即水杨酸），寓意它最初来源于柳树。

　　水杨酸会诱发植物细胞中其他化合物（如挥发性的水杨酸甲酯）
的产生，后者可以为植物抵御外来入侵者——无论大小，无论微生
物还是昆虫。水杨酸的作用是将系统获得性抗性（systemic acquired
resistance, SAR）传递给被病虫害威胁的植物，相当于激发植物的免
疫反应。水杨酸的化学近亲阿司匹林能替代这种植物激素诱发 SAR，
在花园虫害威胁未发生前防备这些攻击吗？阿司匹林是否可以作为先
发制人的预防性措施，保护花园里那些通常极易受到害虫攻击的蔬
菜？在一加仑水中溶解一粒 325 毫克无包衣的阿司匹林片。水中预

先加入两茶匙洗碟粉和几滴菜油，它们可以帮助喷雾附着在叶子光滑的表面上。对一排蔬菜施用这种喷雾，每两周喷洒一次叶面；对另一排同种蔬菜施用同样的喷雾量，但喷雾中只含有洗碟粉和菜油，不含阿司匹林。

植物的气味：既是驱虫剂又是诱人的芳香剂

观察：

在花园中四处逛逛，用你的嗅觉去感知。用指尖摩挲植物的叶子，嗅一嗅你的手指，记住花园中繁多的果实和蔬菜的独特气味。这些别致的气味是由无数的植物次级代谢物散发出来的，在和它们不断打交道的这一年里，你会逐渐熟悉它们。

昆虫用触须感知植物的气味。对于它们而言，这些气味可能极具诱惑，可能厌恶难挨，可能完全无感。一些令食草昆虫反感的气味，同样会让吸血的蚊虫感到不快，虽然对于植物的叶子，它们压根儿没有啃食欲望，况且也没有用于咀嚼的颚。那些在嗅觉上吸引我们，却让蚊子的触须有排斥感的植物化学物质是非常理想的驱虫剂。我们在热带植物园感受到的层次多样的气味中就有这类化学物质。

若要萃取和浓缩花园里的香草所含的天然芳香剂，先要用诸如人造黄油一类的植物脂肪吸收花朵或叶子散发出的挥发性气味。大部分植物的气味都源自它们的精油；精油更容易溶解在植物脂肪和酒精中，较难溶于水。

在玻璃浅碟的表面均匀地涂一层人造黄油，厚度约半厘米。然后把芳香的叶子和花朵轻柔地放在这层人造黄油上面。不要挤压植物的任何部位，将一个玻璃盘扣在碟子上，把植物组织严严实实地封在当中。你也可以使用一个较大的培养皿完成这一实验。将玻璃盘碟在室温下避光静置两天。然后把当中的植物取出，替代以新鲜的植物。重复这一步骤4次，让人造黄油吸收的特定植物气味达到饱和。最后，把人造黄油刮出，放入可以密封的广口瓶中。接着，加入等体积的95度酒精或伏特加。不停地用力搅拌并摇动这一混合物，植物气味会分散到酒精中，与人造黄油分离。冷冻这种混合物，待脂肪凝固后，就可以把含有植物萃取物的酒精倒出来了。这些天然的芳香剂中，哪一种在吸引人类感官的同时，又会令昆虫感到不快呢？

求证：

猫薄荷的气味非常吸引猫咪，却让某些生物极为反感（图 9.5）。在那些蚊虫肆虐的日子里，你可以验证一下这六种唇形科植物——猫薄荷、罗勒、胡椒薄荷、鼠尾草、迷迭香和百里香——的精油是否会让蚊子避之不及。先用上述其中一种唇形科植物的叶子用力摩擦一条胳膊，从手腕一直擦到肩膀。然后以同样力度用彩叶草的叶子摩擦另一条胳膊。彩叶草和这六种香草都比较好种，而且它们之间存在亲缘关系。虽然彩叶草也是唇形科的成员之一，但它并没有另外六种香草的那种香味。数一数两只胳膊分别被蚊子咬了多少个包。哪种香草的气味会让蚊子避开其中一条胳膊，甚至两条胳膊都不碰呢？

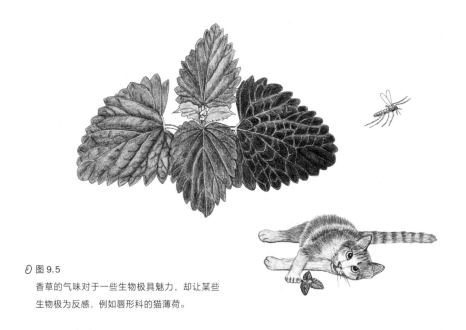

○ 图 9.5

香草的气味对于一些生物极具魅力，却让某些生物极为反感，例如唇形科的猫薄荷。

伴生种植：花园中的合作和竞争

　　数个世纪以来，园丁和农民观察到，某些植物和特定植物种在一起时会生长得特别旺盛，和其他植物种在一起则会枯萎衰弱。园丁们实践伴生种植（companion planting）这一园艺方式，试图获得最佳品质的果实和蔬菜。特定植物的繁盛似乎和这些同伴植物的繁盛息息相关。它们在生长过程中相互促进：在地上通过空气沟通，在地下以土壤为媒介进行交流，以达到共同繁盛的目的（图 9.6）。我们对于这种植物之间沟通的研究仍处于初级阶段，对于植物语言的理解才刚刚开始。

　　有关伴生种植的园艺实践，仍有许多奥秘。要揭开这些奥秘，需要我们知晓植物如何交换信息，了解它们的交流内容。近三十年

◗ 图9.6
在花园中，甘蓝（左）和鼠尾草（右）是一对关系很好的邻居。

来，科学家们"偷听"植物在地上的谈话，了解到当饥饿的昆虫啃咬它们的叶子时，植物会通过释放特殊的化学物质进行交谈。这些来自植物的信号可能有双重作用，有些是为了植物邻居的利益，有些是为了自身的利益。当我们学着窃听植物之间的对话时，我们是在破译一种化学语言，从而驱散植物生命中有关亲密和敌对关系的迷雾。

至于植物之间在地下做出了哪些交流，我们目前所知的更少。但科学家发现植物根部有着分辨自己和异己的能力。这种能力相当于一个免疫系统，与人体的免疫系统能够防御入侵的微生物和其他外来物很类似。我们的免疫细胞有辨别自身细胞和其他细胞的非凡能力。而植物面对外来的微生物入侵者时，会增加一道由植保素构筑的防线；另外，它们还可以通过化感物质抑制其他植物的根部生长。

在讨论杂草如何应对竞争者时，我们曾介绍过化感作用（详见第七章），展示了由咖啡和茶树的根部分泌的咖啡因是如何抑制其他植物（如蔓菁）种子萌发的。黑胡桃作为具有化感作用的典型树种，曾被系统地研究过，这种树的根部会分泌一种化感物质，抑制许多其他植物种类的发芽和生长。和咖啡因一样，黑胡桃分泌的这种化学物质胡桃醌也是一种简单的有机物。番茄、马铃薯、辣椒和玉米如果种在黑胡桃附近，会一直发育不良；但其他植物似乎对胡桃醌的抑制作用免疫，例如山茱萸、番红花、唐棣和萱草。刺槐、杨树、悬铃木、臭椿、檫木、糖槭以及漆树等树木，也以抑制某些特定植物种类在它们下方生长而著称。诸如加拿大一枝黄花一类的野花以及羊茅和早熟禾等草类会形成浓密的植物群落，几乎没有任何其他种类的植物能在它们中间立足。入侵植物的成功是因为它们分泌的化感物质在遏制其他植物的生长方面特别有效。许多植物都有异种克生能力，这些能力背后的化学原因目前还有待深入探究。但毫无疑问的是，这些化学物质都是相对简单的天然化合物（附录 A），对环境比较安全，因此人们正在考虑用它们替代有害的合成除草剂。

蔬菜和花卉间特殊的化感作用，也许可以解释一种植物对另一种植物健康的多种影响，这个问题至今没有研究清楚。甘蓝、番茄、芦笋、黄瓜、向日葵和大豆都是以异种克生特性著称的蔬菜，但这些特性是否真的存在，仍有待进一步观察。这些蔬菜会抑制邻近的某些植物的生长，但它们显然也可以促进其他一些蔬菜的生长（图 9.7）。

观察：

根的结构反映了植物在地下相互作用的情况。植物共用土壤，共享其中的营养素和水，它们要么为争夺同一资源互相竞争，要么分享资源以求共同生存。要获得最佳的共生状态，它们会将地下资源划分势力范围：在土表以下各个不同的深度，它们的根会朝不同方向伸展，生长到不同的深度，水平方向时而短距时而长距。无论怎么

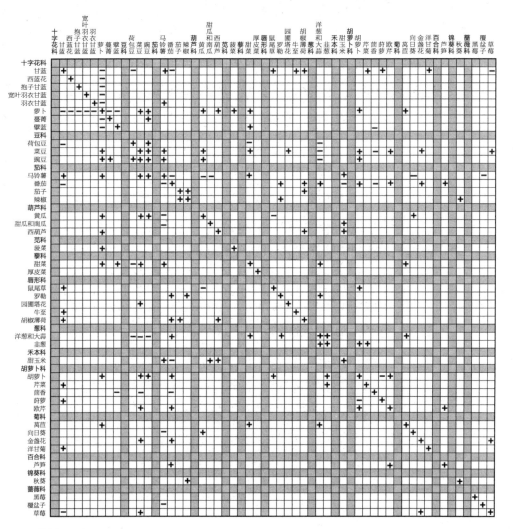

🜨 图 9.7

我们关于伴生种植的知识仍有待完善；但许多实践园艺的前辈留下的经验，让我们得以初步了解蔬菜之间的正面影响和负面影响。当然，两种不同蔬菜的互相作用也许并不明显，可看作是中性的。表格中的大部分信息来自园艺经典著作：路易丝·利奥特（Louise Riotte）所著的《胡萝卜爱番茄：通往成功园艺的伴生种植之谜》（*Carrots Love Tomatoes: Secrets of Companion Planting for Successful Gardening*）。未来我们的更多发现将完善这张表，填满所有空格。

组合——杂草和杂草、蔬菜和蔬菜、杂草和蔬菜——它们都是这样共享土壤的。在为花园除草时，观察一下它们的根系结构有何不同。哪些杂草有明显的主根，深深地扎根于土壤？又有哪些杂草根系繁多，向着水平方向延伸？

准备 6 个容积为 1 加仑的花盆。用 1 号盆种一棵蔬菜，2 号盆种一棵杂草。接着把两棵同样的蔬菜种在 3 号盆，两棵杂草种在 4 号盆。选一棵杂草，把它和一棵蔬菜一起种在 5 号盆。再选择一棵蔬菜，把它和一棵杂草或蔬菜一起种在 6 号盆里。如图 9.7 所示，有许多不同组合可供选择。

将这些植物置于同样的地上环境，用同样的土壤种植几个月后，连同盆土将植株取出，将它们的根系割除，留意一下植物根部的结构是如何被它的邻居影响的。这些观察会让你更清晰地了解到，根系在地下如何相互作用以及它们是如何处理营养和邻近植株根系的（图9.8）。

解密植物通过叶子和根讲述的信息，也许能让我们更好地理解为何番茄喜欢胡萝卜，鼠尾草喜欢甘蓝，而番茄、甘蓝、黄瓜和鼠尾草之间互相回避。

求证：

胡萝卜和番茄互为很好的伴生植物。根据甘蓝和番茄相互排斥这一信息，是否可以预测如果甘蓝和胡萝卜种在一起，两者都会长得很好？

同为伞形科成员，莳萝似乎和胡萝卜无法相处。不过胡萝卜和番茄与该科的另一成员欧芹种在一起时，则会生长得很旺盛。你觉得莳萝会对番茄的生长有何影响？

图 9.8
甜菜（左）、萝卜（中）和莴苣（右）的根之间存在怎样的交流？这三种蔬菜种在一起时，各自都会生长得更好。其中的原因仍有待进一步研究。

求证：

十字花科的所有成员都含有硫苷，它是芥子油的前体。后者辛辣的风味对跳甲、菜粉蝶和小菜蛾极具吸引力。花园中最为人熟知的十字花科成员是甘蓝、宽叶羽衣甘蓝、西蓝花、花椰菜、擘蓝、抱子甘蓝和羽衣甘蓝等作物，它们是野生甘蓝的不同变种。而十字花科的其他成员，比如白菜、芥菜、青菜、塌棵菜、萝卜、蔓菁，都在芸薹属。这一科的其他这些成员植物，如芝麻菜，也一样格外吸引跳甲，它们的叶子常被这些小动物成群结队地啃咬得破破烂烂（图9.9）。

要保护特定种类的蔬菜不被害虫啃咬，有效的方法之一是给害虫提供更有诱惑力的替代食物。芥菜是最吸引跳甲的十字花科植物之一。也正因如此，芥菜常被作为诱饵"献祭"给跳甲，以满足跳甲

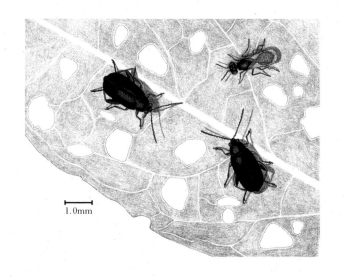

𝄔 图 9.9

跳甲在芝麻菜上留下的小洞会引
来微小的寄生蜂。这种胡蜂的
幼虫以跳甲为食,它们能帮助控
制环境中跳甲的数量。

1.0mm

对硫苷和芥子油气味的钟爱。于是其他十字花科蔬菜得以幸免于难,
即便它们被跳甲咬伤了一点,也几乎可以忽略不计。

　　如今的园艺商店中除了我们熟悉的西蓝花、羽衣甘蓝和甘蓝等传
统作物的种子之外,还有许多其他十字花科蔬菜的菜籽供人们选择。
播种"诱饵作物",看看其中哪种蔬菜在转移跳甲注意力方面最为有
效。再种一些十字花科植物,但附近不种"诱饵作物",比较一下跳
甲造成的损伤有什么不同。你能设法证实芥子油含量的化学差别以
及蔬菜叶表的物理差别(光滑或多毛;柔软或坚硬)与跳甲造访情况
的相关性吗?

🔊 图 10.1

在番茄植株投下的阴影里，老鼠和蟾蜍正看着一只蚯蚓把腐烂的叶子拖入它的洞穴。一只食肉步甲从老鼠旁边飞奔而过。在图的左上方，蠓离开了花园土壤中它还是幼虫时的家园，在蟾蜍头顶上方的天空中盘旋；在蠓和蟾蜍之间，天蛾毛虫正栖息在番茄的茎干上；而食虫虻则停在番茄叶子上，审视整个区域，寻找猎物。

◇

第 十 章

园艺伙伴：与
我们共享花园
的其他生物

所有成功的园艺项目实际上都是人们与无数生物合作的结果，包括那些没有腿、四条腿、六条腿或长着更多腿的生物。蚯蚓、鸟类、昆虫、蜘蛛、真菌、细菌以及其他许多生物，与我们种下的蔬果共享花园，它们疏松板结的土壤、回收土壤营养素并把土壤中的有机质和矿物质组分混合在一起。这些生物携手打造了和谐共处的方式，花园中的蔬菜和果实因而能够在群落内得到共享，而不会发生一些生物独占特定蔬菜和果实的情况。这些生物形成了一张食物网，能量和营养素在其中被不断交换，同时食物网中所有成员的数量和活动都能保持某种平衡。

在积极招募其他生物拔刀相助这方面，植物也有极高的效率。在被昆虫啃咬、遭遇微生物入侵时，植物会产生一系列化学物质：其中一些会使害虫消化不良，能阻止甚至击退微生物和昆虫的进攻；而另一些化学物质会在空气中飘散，吸引害虫的捕食者或寄生者，甚至恳请这些昆虫帮助植物摆脱困境。其他天然化学物质则随着气流大范围传播到邻近植物那里，警告这些植物邻居附近出现了虫害，催促它们在虫害尚未抵达之前筑起新的化学防线。

只要把花园设计成吸引益虫、微生物和其他园艺好伙伴的栖息地，园中这些盟友的数量就会远远超过那些被看作害虫的昆虫和其他生物。当花园成为土壤中众多循环再生者的家园，并且无论地上地下都有数量众多的捕食者和寄生者时，害虫想要确立据点就会变得相当困难，通常不知不觉地就消失了。一旦循环再生者着手工作，土壤就会变得肥沃，营养素含量增加，土壤栖息地的结构得到改善，根部环境变好，进而植物也变得富有活力。繁茂多产的花园栖息地会吸引多种多样的生物，那里的健康土壤滋养着强壮的植物，也加固了植物抵御病虫害的防线。

植物的微生物伙伴

根瘤菌

观察：

花园中生长的豆科植物（如豌豆、菜豆和车轴草）与一种固氮细菌有着特殊的合作关系，这种细菌能够吸收空气中的氮气，把它转化为植物可以利用的形式。固氮细菌是地球上唯一一类拥有这种能力的生物，而居住在豌豆和菜豆根部小瘤中的根瘤菌，是这些固氮细菌中特殊的一类。如果你家花园的土壤，像我们身边的许多土壤一样曾被认为是"尘土"而遭到过度滥用，那么你可能需要给播下的菜豆和豌豆种子添加一种名为根瘤菌接种剂的东西。所有园艺商店都有这种接种剂出售。添加根瘤菌接种剂可以确保土壤中存在足量的细菌，从而为植物提供必需的氮元素，使菜豆和豌豆苗壮成长，周边植物也能从中获益。

我家住在伊利诺伊州的中心地区，每到夏天我会在花园里种三茬菜豆——五月初第一茬，七月初第二茬，九月初第三茬。每茬采收后，我都会拔出豆苗，运到花园的另一个区域作为覆土介质。每当拔出一棵老豆苗，豆根和根瘤菌的无间合作都会让我赞叹不已，那些覆盖豆苗根部的球形根瘤就是这种合作的成果。通过这种团队协作，植物能获得必需的营养元素氮，细菌则得到安稳的生长环境和能量来源。每个根瘤中都有数百万个根瘤菌在工作，它们会产生一种植物可以即时利用的氮，即氨。虽然周边空气中有大约四分之三是氮气，但植物仍要依赖细菌将它们无法吸收的氮气分子转化为可利用的氨。这些固氮细菌从周边土壤聚集到根部，会先在根表面的纤细根毛上站稳脚跟，之后再深入根部，让自己被根细胞包裹，并诱使这些根细胞分裂生长。为适应数以千计的细菌的存在，每个根细胞都会生长，它们会采用特殊的形态，用带有分隔膜的囊泡包裹住这些细菌（图10.2）。

剖开一个根瘤查看它的内部结构，你会发现根细胞中充满了细菌，这些细菌会产生一种复杂的酶，称为固氮酶。这种特殊的酶可以破坏牢固地连接着氮气分子的两个氮原子的化学键，在没有氧气妨碍它们的活性时，它们会处于最佳工作状态。为了尽量不让这种挑剔的酶接触氧气，植物细胞做了一些特别的努力，来帮助固氮菌和努力工作的固氮酶。作为植物细胞和细菌协作共生协议的一部分，豆科植物的根细胞会产生一种红色的含铁蛋白质，它和我们人类的血红蛋白近似（因而被称为豆血红蛋白），同样热衷于与氧气结合。通过

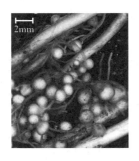

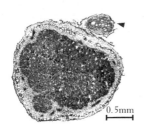

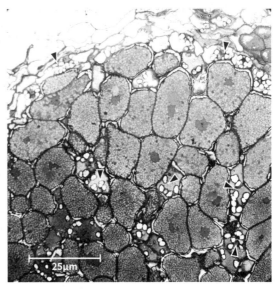

在根瘤附近吸收氧气，豆血红蛋白提高了细菌固氮酶的固氮效率。

大约 100 年前，科学家发现了一种固氮的方法，即通过氮气产生氮肥或氨。他们还发现，要打破氮气分子中两个氮原子中间的化学键，并把它转化为氨需要大量的能量，差不多要消耗世界天然气产量的 3%—5%。现在世界范围内每年有大约 1 亿吨高能耗的合成肥料被施用在农田中，通常其形式为硝酸铵。

在植物上施用这种氮肥时少量即可，但

𝄐 图 10.2

左上：密密麻麻的根瘤覆盖在菜豆的根上，里面包含着数以百万计的固氮菌。左下：一缕由根（箭头处）和与它相连的根瘤的截面图展示了完整的根瘤以及根瘤菌栖身的根细胞的内部结构。右：每个根瘤都包含许多个根细胞，它们为适应大量细菌的存在而生长，这些细菌居住在根细胞无数由膜隔开的小室中。图中约有 50 个染色的根细胞，它们之间的空隙被无数白色淀粉颗粒（箭头处）所占据，那是细菌的能量来源之一。（根瘤的外缘在图片左上方。）

图方便的人们通常会向田地里施用大剂量的肥料。过量的氮肥会增加土壤的酸性，当施用在排水不畅的土壤中时，它可能会以一氧化氮和一氧化二氮这两种含氮气体的形式散失。一氧化二氮能够吸收太阳散发的热量，是导致温室效应最强效的气体之一，效力差不多是人们最熟知的温室气体二氧化碳的 300 倍。很不幸，由于合成肥料的施用量远远超出植物在任何时候的需求量，许多土壤生物会出现中毒性休克。同样，由于植物不能立即用完所施的氮肥，大量肥料从土壤中流失或被雨水冲走。被冲走的这些带负电荷的硝酸盐，还会同时带走带正电荷的营养素，如钙、镁和铁。当多余的硝酸盐流入河流、汇入大海，则会导致藻类和水生杂草过度生长，而这些植物最终的死亡及被微生物分解的过程会耗尽水体中的氧气，使水生生物得不到足够的氧气。由于上述种种原因，合成肥料的大规模应用会让我们在环境上付出巨大的代价。

花园土壤中，为植物提供营养并保卫植物健康的细菌数量丰富，栖身在植物根部的根瘤菌，只是其中的一小部分。在被精心照料的每平方米花园土壤里，仅表层的 6 英寸中就约有 10 万亿个细菌生活。这些土壤细菌种类极为多样，它们所进行的那些化学转换，地球上任何其他生物都无法完成。在这些数不尽的细菌中，有一些并没有生活在植物根瘤中，它们独立生活却也能固氮。这些细菌和其他一些土壤细菌不仅能提供植物无法凭借自身能力获取的营养素，还能将有毒化学物质转化为无害甚至有用的物质。这些细菌中含有的大量抗生素，还可以控制有害细菌和真菌的活动。土壤中的细菌是化学天才，它们创造了许多鲜为人知的花园奇迹。

最近的发现表明，植物激素水杨酸、茉莉酸和乙烯不但能保护植物茎叶不受昆虫、细菌和真菌的攻击，还能在周边土壤多种多样的细菌之中，遴选出合适的细菌，允许其栖息在根的内部和周围，帮助根部摄取营养，并抵御病菌和以根为食的生物入侵。植物根部会分泌糖类吸引土壤细菌。细菌因而大批量地聚集在植物根部周围，享用这些馈赠。但在挑选进入它们根部组织的细菌伙伴方面，植物根部显得十分挑剔。根分泌的激素在抑制一些土壤细菌生长的同时，也会促进另一些细菌的生长。因而居住在植物根细胞之间的细菌菌群通常和栖息在根部周边土壤的细菌菌群极为不同。

菌根

几乎所有植物，不管是野生种类还是栽培品种，它们的根都会与菌根（mycorrhizae）发展成伙伴关系。我们已开始领会到这种关系的重要性。树木的这些真菌伴侣在地上会形成蘑菇，在地下则与树根结成联盟（图 10.3）。它们的菌丝遮盖着树根，在根细胞之间穿过，并在菌根交界处交换营养素，但它们从来不会穿透根细胞脆弱的细胞膜，更不会以任何方式伤害这些细胞。无数的树木和真菌在这一关系网中互相联结，它们通过这一网络分享和交换营养素。这些真菌会在根的表面形成鞘，因而被称为外生菌根（ectomycorrhizae）。

然而，陪伴着蔬菜及几乎所有草本植物（大约数千种）的菌根和它们的绿色伙伴形成了一种更为亲密的关系。这些真菌不会形成蘑菇，是真正的地下工作者。为了和绿色植物形成伙伴关系，它们放弃了自己的独立性。这类菌根的菌丝不但会穿过根细胞之间的空隙，还会进入根细胞的细胞壁，与细胞膜的表面相互交错，但不会穿透

◑ 图 10.3

真菌菌丝会形成树根的外生菌根同盟。它们覆盖着根尖，形成广阔的地下
网络，真菌和邻近树木之间通过这一网络交换营养素。菌根菌会利用从这
些树木同盟那里获得的营养素在地面上形成蘑菇。反过来，它也为它的绿
色伙伴提供水和矿物质营养，并保护它们不受土壤病菌的侵害。

细胞膜。这些内生菌根（endomycorrhizae）也被称为囊状丛枝菌根
（vesicular-arbuscular mycorrhizae, VAM）。它们在根细胞之间形成球
形囊泡。在单个根细胞内部，它们会以多分枝的树状形态（或称丛
枝）存在，从而大大增加了菌丝的表面积；而这些表面正是根细胞和
真菌细胞交换营养素、水和各种物质的所在（图 10.4），这些物质可

以帮助它们抵御地下潜伏的敌人。

　　兰科是被子植物中种类最为繁多的一科，包含约 26 000 个成员。如果没有菌根在旁协助，它们就无法发芽和生长。值得一提的是，兰科植物的种子细微如尘，其长度在 0.05 毫米（相当于人类发丝直径的一半）到 6 毫米之间。由于种子太过微小，仅够容纳形成未来

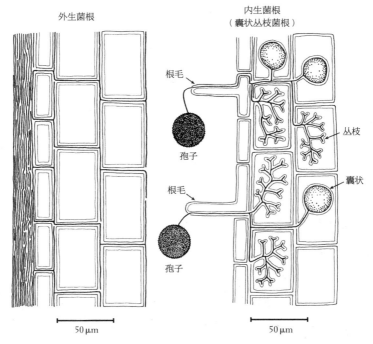

外生菌根　　　　　　　　　　内生菌根
（囊状丛枝菌根）

根毛

孢子

根毛

孢子

丛枝

囊状

50 μm　　　　　　　　　50 μm

☺ 图 10.4

左：从这张外生菌根与树木的方形根细胞结合的图解可以看出，菌丝在根的表面形成了一层鞘（左侧），一根根菌丝在根细胞周围和中间延伸，但它们并没有穿透细胞壁或细胞膜。最细的线代表细胞膜，最粗的线代表菌丝。中等粗细的线对应着根细胞纤维质的细胞壁。

右：这张内生菌根和草本植物方形根细胞结合的图解中，菌丝分枝形成树状结构，穿透了根细胞的细胞壁，并和细胞膜交错，但并未穿透。

植株的胚，因此兰科植物只好舍弃富含营养的胚乳组织（参见第一章及第四章）。大部分植物的种子中，胚乳占据了相当大的体积，这种营养丰富的储存组织可以在胚最脆弱的生长初期为其提供营养。由于没有胚乳，兰科植物的胚在生长初期只能依靠真菌伙伴来提供营养，直到幼苗扎根并开始光合作用。

就像植物根部精挑细选与它们打交道的细菌一样，根也同样小心地管理着与它们建立合作关系的真菌。新近发现根细胞分泌的一类激素可以吸引土壤中的菌根菌。这些激素在首次被发现时被命名为独脚金内酯（strigolactone），因为它们可以促进一种寄生性杂草独脚金的发芽。这种杂草是非洲部分地区危害作物的一大元凶。发芽的独脚金种子利用这种激素定位植物宿主，然后穿过宿主的根细胞，入侵根部的木质部和韧皮部的营养传输通道。这种寄生关系和利益共享的菌根伙伴关系不同，只有独脚金一方获益，它会耗尽宿主的营养。虽然植物根部正常的激素信号被这些寄生的独脚金自私地利用了，但这种不利影响远远不及植物利用独脚金内酯吸引土壤中的菌根菌带来的益处。

观察：

植物根部和土壤真菌之间菌根关系有多普遍？为了检测花园植物纤细的新根上是否存在菌根，我们设计了一个简单的染色方法。氯唑黑 E（chlorazol black E）是一种可以标记真菌细胞壁几丁素的染料，但它无法标记植物细胞壁的纤维素。植物根细胞的细胞壁不含几丁素，也就不会被染色标记。在一份氯唑黑 E 溶液（浓度 1% 的水溶液）中加入一份甘油和一份乳酸。把植物根部放置在这种黑色

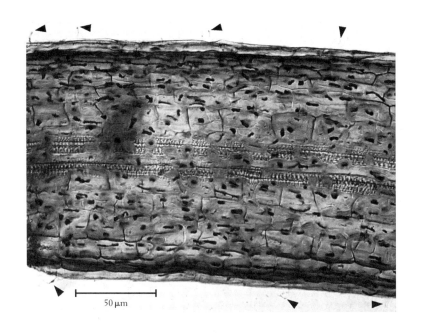

溶液中一晚或数天，然后再转移到显微镜载玻片上，滴一滴上述混合溶液。用显微镜观察时，由于根部组织看起来是透明的，所以只能看到边界清晰的根细胞壁和被染成黑色的真菌（图10.5）。

求证：

为了判断蔬菜和菌根间伙伴关系的重要性，我们来看看菌根接种剂是否真的能让花园蔬菜长得更好。菌根接种剂在园艺商店可以购得。试着给半排蔬菜添加接种剂，

图10.5
内生真菌形成的网络在辣椒的根细胞之间交错，生物染色剂氯唑黑E将含有几丁质的真菌细胞壁染色后，黑色的菌丝、丛枝和囊泡非常显眼。箭头指出的是由土壤中真菌孢子发散并进入辣椒根部的菌丝。

而另外半排不加。测量与蔬菜强健度相关的一项或多项指标，比如植株高度、基部叶子的尺寸、果实数量、果实大小等。这些蔬菜的指标数据有明显差异吗？

正如我们观察到的，花园蔬菜之间存在相互影响，或正面、或负面、或中性，这一现象可以有多种解释。一种说法认为，菌根可能在其中发挥了主导作用。蔬菜和菌根会在地下形成隐匿的关系网，因此一些特定植物组合会从各自的盟友那里受益。如果其他蔬菜组合无法建立菌根关系网，那么将预示着这些蔬菜无法相互扶持，或者它们无法在彼此的陪伴中茁壮成长。

和细菌一样，真菌种类繁多且多才多艺，它们承担着花园中各种各样的工作。此外，一些真菌还作为生物防治剂，以捕食者的身份巡视土壤，杀灭其他真菌、线虫和昆虫。为这些有益的真菌维持良

〔〕图 10.6

在腐烂的花园植物有机质之间，作为循环再生者的微生物正在分泌一种酶，帮助分解这片叶子。所有主要的微生物在这张用扫描电子显微镜拍摄的照片中都有所展现：外表华丽的原生动物（P）、真菌的菌丝（黑色三角处）以及大小和形状多样的各种细菌（白色箭头处）。

好的栖息环境，是其他充当循环再生者的真菌以及它们的微生物和动物分解者援军的工作。只要这些数量无穷无尽的分解者能打造一个颇具魅力的地下栖息地，园丁的无数微生物和无脊椎同盟军就会迁入并占据它。就像我朋友托尼·麦圭根那本园艺书的书名说的那样："筑巢它自来"（序第 II 页）。

分解者和营养素的循环再生

无数真菌、细菌和其他微生物能够将营养素返还土壤，从而帮助植物生长。这些微生物回收利用动植物的残体（图 10.6），确保植物在生长时周边始终存在这些必需的营养素。如果人们持续从花园采摘蔬菜和果实，它们所含的营养也随之被带走，久而久之，花园土壤中的营养素就会被耗尽。通过施用厩肥、堆肥和覆土介质滋养花园，我们能为循环再生者和分解者提供对于它们生存必不可少的动植物残体有机质，帮助返还这些失去的营养。

体型相对较大、更为我们所熟知的循环再生者会协助微生物的工作，比如蚯蚓。通过咀嚼、摄入、消化和排泄，蚯蚓帮忙分解大块的植物沉积物，让微生物的工作变得简单一些。当上述所有生物的工作完成后，循环再生者把失去的营养——实际上往往更多——返还给花园土壤，土壤再次变得肥沃，并做好准备迎接新一季的蔬菜和果实。循环再生者通过增加土壤的营养素含量来改善土壤的化学结构。通过将砂粒、粉砂、黏粒这些矿物质颗粒和有机质混合，体型较大的循环再生者能够将坚硬板结的土壤转变为松散的聚合物，这使得土壤结构如海绵般轻软并出现无数的气孔，空气、水和根可以顺利通过（图5.8）。

观察：

花园土壤中的微生物，例如细菌、原生动物和真菌，它们的长宽不足1毫米（指真菌的菌丝），需要用复式显微镜才能观察得到；但体型较大的辅助微生物工作的循环再生者，仅用一个漏斗就能轻松收集，如果没有立体显微镜的话，用放大镜也能观察它们。任何漏斗形的容器都可以当作柏式漏斗（Berlese funnel）使用（图10.7）。体积为半加仑或一加仑的大塑料瓶也可以。这些循环再生者的长或宽大于1毫米，包括蚯蚓、蜗牛和品种最为丰富多样的土壤生物类群——节肢动物。根据最近的估算数据，全世界范围内约有140万种节肢动物。所有节肢动物都有带关节的足，包括昆虫、螨虫、跳虫、多足类和许多人们不太熟悉但极为重要的生物，这些生物只存在于土壤中，比如奇特而罕见的原尾虫和少足虫（图10.8）。用收集皿收集这些土壤居民，皿中铺上湿滤纸或湿纸巾，在观察完形态和习性之后，再把它们放归土壤。富含有机质的健康花园土壤里居住着大批循环再生者。这些循环再生者或许体型微小，但每平方米花园土壤中生活和工作着的循环再生者数以千计，它们能够迅速分解植物残体并将其所含的营养素返还土壤。在1平方米土地表层的6英寸中，单单节肢动物就有约15万只，它们的数量和多样性着实令人惊叹不已。

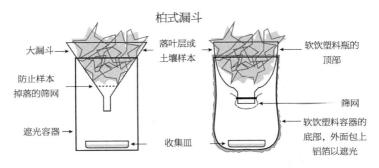

柏式漏斗

大漏斗 ← 落叶层或土壤样本 → 软饮塑料瓶的顶部

防止样本掉落的筛网 → 筛网

遮光容器 → 收集皿 ← 软饮塑料容器的底部，外面包上铝箔以遮光

◑ 图 10.7

为了躲避来自上方的光和热，栖息在柏式漏斗土壤或落叶层样本中的喜暗生物会落入漏斗下面的收集皿中。收集皿中放有一块打湿的白布或滤纸，便于清晰地观察收集到的生物。在观察鉴定完毕后，再将这些生物放回它们原来的栖息地。

求证：

比较在土壤添加和未添加有机改良剂的两种情况下，特定蔬菜的生长情况。堆肥、血粉、骨粉、木片、厩肥、切碎的青草、切碎的秋季落叶、冬季覆盖作物和稻草之类的添加物，都会给花园土壤带来营养素和有机质。在促进蔬菜生长方面，你预测哪种土壤有机添加物最为有效？哪一种有机添加物吸引的循环再生者数量和种类最多？哪一种改良剂不但改善了土壤的化学属性，而且通过将有机质和土壤矿物质颗粒混合，赋予土壤海绵般轻软的结构？植物沉积物彻底腐烂后残留的有机质，会被体型较大的循环再生者用来与土壤的矿物质颗粒混合，形成带有气孔的小团块，让水、空气和植物的根可以轻松通过海绵般轻软的土壤。

向土壤中添加有机质，可以为循环再生者（图 10.8）提供理想的食物和舒适的避难所，吸引这些自然食物链中必不可少的成员到花

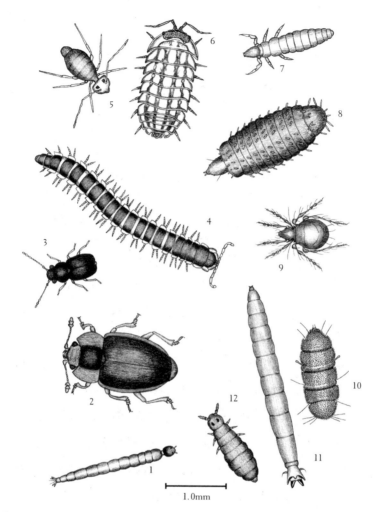

○ 图 10.8

除了肉眼不可见的微生物（细菌、原生动物和真菌）之外，许多体型稍大但依然微小
的生物在分解和将营养素返还土壤以滋养新一代植物的过程中，也会起到助力的作
用。 用放大镜观察它们最为方便。 这些小动物不但将营养素返还给土壤，还会混合
有机质和矿物质颗粒，改善根部生长的物理环境。 图中所有生物都是用柏式漏斗从
花园土壤中收集来的节肢动物，这些花园土壤能为循环再生者和分解者提供舒适的栖
息之所。 这类生物种类繁多，图中这些不过是其中的常见代表。 编号从左下角开始，
按照顺时针方向排序，对应生物依次为：蠓的幼虫、露尾甲、樱毛蕈虫、马陆、球状
弹尾、木虱、原尾虫、水虻幼虫、甲螨、少足虫、大蚊幼虫、光滑弹尾。

园定居。但要完成它们的任务，即把营养素返还给花园土壤，循环再生者也要获取维系自身生存和繁殖的营养。随着这些微生物不断开展工作，它们必须生长繁殖，耗费那些对它们的生长和健康有益的营养素。经常会短缺的必需营养素是氮，因为对于所有蛋白质和核酸的制造过程来说，氮都是必不可少的元素。

细胞和土壤中氮的相对含量，一般用营养素氮和始终存在的营养素碳的比例表示。微生物细胞的碳氮比为 15∶1，它们生长和繁殖时也必须保持这一比例。当蔬菜花园中可被回收利用的原材料有机质氮含量相对较低，即碳氮比超过 15∶1 时，微生物就必须按自己所需利用附近的所有氮源。局部的氮短缺会造成附近蔬菜的生长停滞。回收利用碳氮比高于 15∶1 的有机质时，微生物实际上会耗尽本该被花园蔬菜吸收利用的氮。只有当碳氮比跌到 15∶1 以下，忙碌的微生物循环再生者才开始将氮元素返还到土壤中。某些有机添加物反而会抑制蔬菜的生长，比如干草和木片，这两种材料的氮含量都相对较低（干草的碳氮比约 50∶1，木屑约 500∶1），添加它们会迫使微生物与蔬菜根部竞争供应有限的氮元素。植物缺氮时会生长不良，叶子发黄。应当留意这些迹象。

种一长排蔬菜，可以选择莴苣、甜菜、菜豆或菠菜。把这排蔬菜平均分成六段。头一段不加任何有机改良剂，其余五段分别向土壤中加入如下有机添加物：木片和干草、刚剪下的绿草、树叶、骨粉、血粉。你预计哪种添加物会最大限度地促进蔬菜生长？哪种的促进效果最小？哪种反而抑制了植物的生长？

有益的捕食昆虫、寄生昆虫和传粉昆虫

　　花朵的芬芳气味和鲜艳色彩会吸引众多动物前来造访并传粉。蜜蜂和蝴蝶是彻头彻尾的传粉者。但胡蜂和蝇类在花园中同时扮演两个重要角色：它们不但为花朵传粉，还会捕食许多害虫，是植物抵抗某些不速之客的同盟军。有些胡蜂会蜇伤其他昆虫，把它们带回蜂巢喂食幼虫。其他一些胡蜂和蝇类会偷偷在害虫身上产卵。卵一旦孵化，胡蜂和蝇类的幼虫会钻入害虫体内，作为寄生虫安顿下来。害虫在毫不知情的情况下成为这些寄生虫的栖身之所和食物储备，直到它们转变为新一代胡蜂和蝇类的成虫。大部分寄生性昆虫（被称为拟寄生物）不但消耗宿主以达到自身生长的目的，而且最终会杀死宿主。许多造访花朵的胡蜂、甲虫和蝇类，在生命开始时都是以其他昆虫为食的——无论是作为处于外部的捕食者还是居于内部的寄生者。花园中这些捕食性和寄生性昆虫兴旺的地方，食草昆虫便不再成为一个问题，它们会像花园里众多的昆虫居民一样，为大自然的平衡贡献自己的一份力量。

　　一些甲虫——甚至某些蝴蝶和蛾子的毛虫，比如菜粉蝶和小菜蛾——会津津有味地咀嚼其钟爱的菜叶。在吸引各种职能不同的昆虫栖息的花园中，这些蔬菜食用者会享用一小部分花园的收成，但仍有足量美味留给其他生物。在食草者和昆虫捕食者和谐共处的花园中，杀虫剂被禁用，昆虫和人类都能获得足量的蔬菜。有着多种花卉和蔬菜的花园，食草者、捕食者和寄生者能够在其间自然而然地维持着和谐融洽，对于各种生物种群来说，它们都是诱人的栖息地（图10.9）。

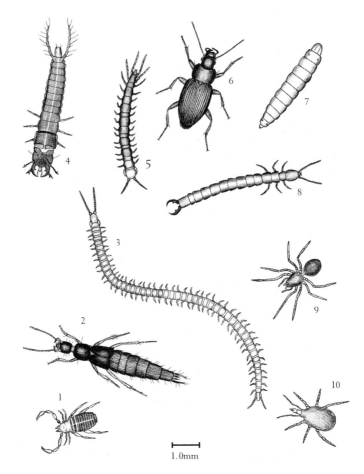

○ 图 10.9

花园土壤中居住着数不尽的微小生物，它们能够作为捕食者帮助维持生态平
衡，同更加显眼而且名声更大的蟾蜍、鸟类、萤火虫和螳螂一道，保护花园
不受害虫侵害。图中所示的这些仅仅是典型的节肢动物捕食者中的一部分，
它们栖身于健康的花园土壤中。编号从左下角开始，按照顺时针方向排序，
对应生物依次为：拟蝎、隐翅虫、蜈蚣、步甲幼虫、石蜈蚣、步甲、食虫虻
幼虫、铗跳虫、蜘蛛、捕食螨。

求证：

通过种植花卉——尤其是本地花卉——来吸引蝇类、胡蜂、甲虫、蜜蜂、蝴蝶和蛾子，不但能引来为作物传粉的昆虫，还会引来以蔬菜为食的昆虫及其天敌。如果在一排排蔬菜之间套种花卉，那么食草昆虫几乎没有机会在那里大肆破坏。除此之外，花朵还会增加菜园的美感，平添几分野趣。提升花园里的植物多样性，同样会增加居住其间的昆虫、微生物及其他动物的多样性。

花朵凋谢后，草类干枯，冬天也随之降临，夏日花园的余晖为这些昆虫和它们的亲戚带来了舒适的庇护所。这些小动物是植物的亲密伙伴。无论处于生命周期中的哪个阶段——卵、幼虫、若虫、蛹、成虫——昆虫们这时都可以歇一歇，停止天气温暖时进行的活动，进入一种发育停止的状态，即滞育（diapause）。许多寄生胡蜂和蝇类在秋天就已经杀死了它们的宿主。它们在冬天开始时化蛹，等春天到来时再破蛹而出，以成虫亮相。许多种昆虫成虫都是害虫的捕食者，例如草蛉、瓢虫、步甲、隐翅虫、小花蝽和刺蝽，它们在落叶层中冬眠。蚱蜢的卵鞘和毛虫的蛹藏于地下过冬，而螳螂的卵鞘中潜伏着来年夏天这些蚱蜢和毛虫的捕食者的胚胎。萤火虫的幼虫和菊虎的蛹会在落叶层和土壤中冬眠，直到来年春天或初夏才会经历蜕变。将花草凋落物留在花园中，不但能丰富土壤中的有机质，也为捕食者、寄生者和分解者提供了一个温暖的避风港，它们可以安全地栖息其中，度过整个冬月。在这些生物中，许多生物吃杂草的嫩叶，还吞食杂草的种子。到了春天，它们会重新出来活动，急于进食以补充冬歇中消耗的营养，并承担起新的一年维持花园生态平衡的重任。

在花园这个互相关联的世界里，植物、昆虫、脊椎动物和微生物居民的生命时而显著时而微妙地交织着。人类出于对整洁草坪和花园的执念而清除落叶层，这不仅铲除了昆虫和其他节肢动物的栖息地，也清剿了秋、冬、春三季食虫鸟类和哺乳动物觅食地，还一并消除了它们的筑巢可选地点以及巢材的来源。这些看起来杂乱的栖息地提供了营养丰富的昆虫大餐，不但满足了迁徙鸟类在长途旅行中的能量所需，还为本地鸟类繁殖季节幼鸟的存活提供了保障。通过给无脊椎动物提供落叶层作为栖息地，我们同时也为濒危的鸟类提供了舒适的环境。

比较一下附近有很多花卉的蔬菜和远离花卉的蔬菜所遭受的啃食状况。有没有发现，一些昆虫造访花朵食用花粉和花蜜之余，也会巡视蔬菜的叶子、花朵和果实以寻找猎物？要验证这个假说，必须进行严谨的比对，即每天统计出现在花卉和蔬菜上的食草昆虫、捕食昆虫和寄生昆虫的数量。但有什么理由不采取花卉和蔬菜混植的栽培方式呢？毕竟每种花都能为花园带来怡人的色彩。不妨给那些花朵的造访者一个机会，证明无论在蔬菜中潜伏着什么样的害虫，它们都能起到生物防控的效果。

想象一下，如果广袤的农田中零星点缀着长着杂草和花卉的小块土地，会是什么样的景象。这些地块将成为传粉者和其他生物的家园。在这些动物居民当中有许多昆虫，它们的幼虫是农田害虫的捕食者和寄生者。许多较大的动物也可以在此定居，如蟾蜍、蜥蜴、蝙蝠和鸟类，它们能为控制邻近农作物虫害做出卓越贡献。用这些源于自然界的捕食者和寄生者控制花园和农场中的害虫数量，比起喷洒昂贵危险的杀虫剂，难道不是极其明智又较为经济的方法吗？那些

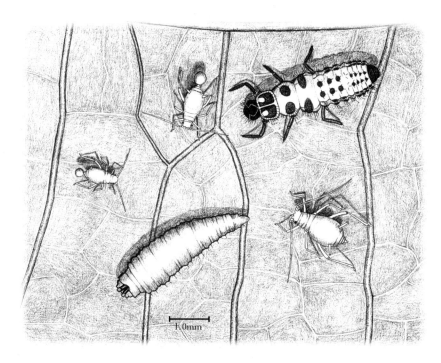

🖉 图 10.10

许多常见的地上昆虫捕食者是蚜虫的天然生物防治剂。瓢虫的幼虫正从右上方接近蚜虫，而在左下方，食蚜蝇的幼虫即将抓住三只蚜虫中最大的那只。这些捕食性的幼虫，它们的形态和群落角色在变态后都会发生转变。成虫会被花园中的花朵吸引，成为重要的传粉者。瓢虫成虫是杂食动物，它们的食谱丰富多样，既有花粉和花蜜，也有蚜虫和蓟马。

有毒的化学物质不分青红皂白地消灭的不仅是花园中的害虫，还有这些花园好帮手——寄生者、捕食者和传粉者。

就算是健康的花园也不会完全没有虫害。因为园子里的捕食者和寄生者总想来上一顿害虫大餐（图 10.10）；而且灾害的形式多种多样：除害虫以外，还有微生物和杂草。捕食者和寄生者离开赖以为食的害虫便无法生存。它们侵袭害虫时可以从空中飞落，也可以从地下向上攻击。有些花园捕食者，比如螳螂、瓢虫和隐翅虫，终其一生都以害虫为食。但还有一些，比如菊虎的幼虫和食蚜蝇的幼虫，在其生命的开始阶段和后期的饮食习惯完全不同。幼虫时期，它们是捕食者，成虫时则是植物不可或缺的传粉者。当它们循着自身的生命周期前进，这些昆虫——像成千上万种其他昆虫一样——在它们短暂的一生中，往往在花园群落中扮演了不止一个角色，而是两个迥异但同样重要的角色。寄生蝇和胡蜂的卵依靠父母为其找到合适的宿主，在幼虫时以害虫为食。然而，当它们转变为成虫后，会遍访花朵品尝花蜜和花粉，转而承担起作为传粉者的另一项工作。

多才多艺的真菌也可以同时承担多种工作。植物根部的菌根"合伙人"，不仅能协助根部吸收营养素和水，还是其他以植物为食的真菌的生物防治剂；它们既是以线虫和害虫为食的捕食者，也是指挥植物残留有机质的分解并让花园土壤更加肥沃的循环再生者。

微小的蚜虫、粉虱、蓟马和跳甲，对于花园中的鸟类、蟾蜍和大螳螂来说真的算不上大餐。然而，如果凑近仔细观察被这些小虫占据的叶子和花朵，会发现同样微小的其他昆虫——这些害虫的捕食者和寄生者——通常都潜伏在同一片叶子附近。

在不施用杀虫剂的花园里，栖息着但凡生态平衡的群落里都该有的全部成员——食草动物、捕食者、寄生者和分解者。任何一组成员的数量都不会过于庞大，也不会有任何一组给植物造成过度损害。和任何群落一样，每位成员都有一个角色要扮演，一类工作要做，一项任务要执行。

结　语

那些花时间陪伴植物的人，会欣赏它们从毫不起眼的种子中幻化出无尽华美的能力，当然还有它们给感官带来的愉悦：视觉上的美感、鼻子嗅到的芳香、指尖触碰到的质感和舌尖品尝到的美味。 对植物生命在科学层面更深的理解，绝不会减少我们陪伴植物时感受到的魔力、神秘和好奇。 试图理解植物如何能完成这些壮举，为何能赋予我们这些快乐，能让我们对这些生物伙伴更为欣赏。 的确，当我们越多地审视植物的生命，就会有越多新的疑问随之产生，神秘感也将进一步加深。 科学使得我们有能力研究植物世界之美，并不断扩展我们的好奇心。

园丁和农民每天都在进行实验和观察，完成科学式思考——无论他们自己是否意识到了这一点。 近距离观察和建设性实验并不总是需要精密的仪器或昂贵的化学制剂，只要我们不断修正对这些和我们共享同一时空的植物的认知，就足够了。 在花园和实验室中，我们的先辈年复一年地发现有关植物生命的新知，我们要在他们留给我们的知识体系上继续开拓。 好奇心驱使人们提问，或是基础的问题，比如植物如何获取光能，如何从土壤中摄取营养素；或是更实际的问题，比如如何增加作物产量，如何种出更甜的胡萝卜或更红的辣椒。这些问题的答案，不但让我们理解什么是植物，而且让我们知道如何帮助植物最大限度地施展其天赋。通过观察和实验去了解这个我们与植物共享的世界，将是一场充分满足好奇心的冒险之旅。一旦掌握了窍门，像科学家一样思考问题会是一件很容易的事。

当我们在花园中漫步或劳作时，会提出许多有关植物生命的问题。游览花园时我们观察、轻嗅、触摸和品尝，倾听我们的感官透露的所有信息。从感官收集到的观察结果会激发我们的好奇心，引发新的疑问："如果……会怎么样？"如果我们把植物置于新场景中，植物将如何应对？其他生物对新场景中的植物又会作何反应？就让想象力为你引路吧。

本书中概述的实验都是为了论证有关植物生命的这些以"如果"开头的假说而设计的。即便没有试着做过其中任何一个实验，我们依然可以从这些例子中学到如何就植物的日常生命活动提问，包括生长、开花、果实的形成以及越冬的准备。随着天气的不断变化（如阴晴冷暖、刮风下雨），植物也会不断自我调整以适应地上和地下的环境。随着我们对植物生命越来越熟悉，我们就能够预测它们对一些处理会作何反应；当然，植物和人类及其他生物一样，也常常会有出人意料的反应。当我们的预测结果被证明并不正确时，意味着我们将面临新的挑战，这促使我们去寻找新的解释，提出新的假说。

提出别人不曾提过的问题，看到别人不曾注意的现象，欣赏你所见到的独特的美，质疑别人从未怀疑过的理论——这一切都有助于我们获得伴随科学发现而生的喜悦。好奇心和想象力是探索的关键要素。正如科学方法之父培根所言：

仅能看到海面的时候，只有不够格的探险者才会认为那里没有陆地。

附录 A

植物体内重要的化学物质

植物激素

植物生长素

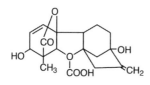

细胞分裂素

赤霉酸

乙烯

脱落酸

独脚金内酯

植物色素

叶绿素

类胡萝卜素

花青素

甜菜素

有代表性的化感物质

咖啡因

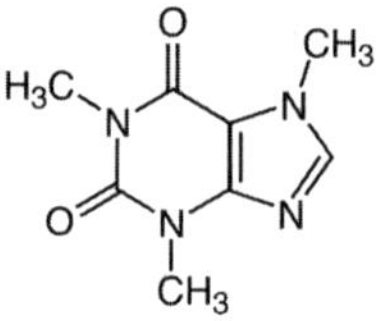

胡桃酮

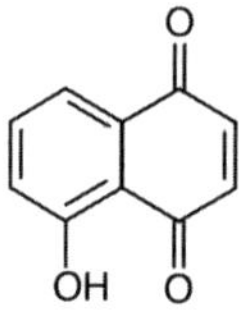

香豆素

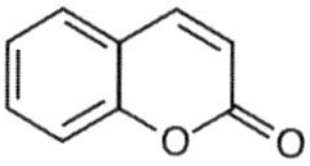

刺槐乙素

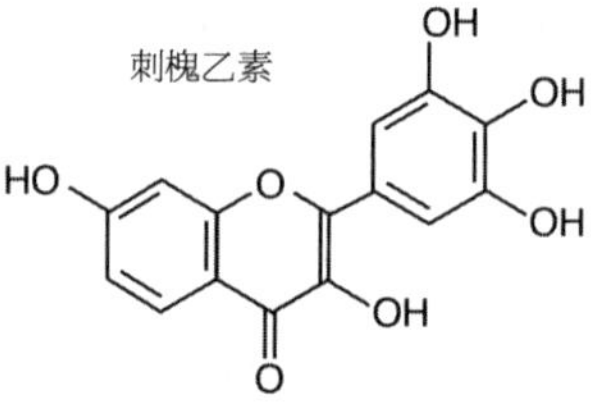

槲皮素

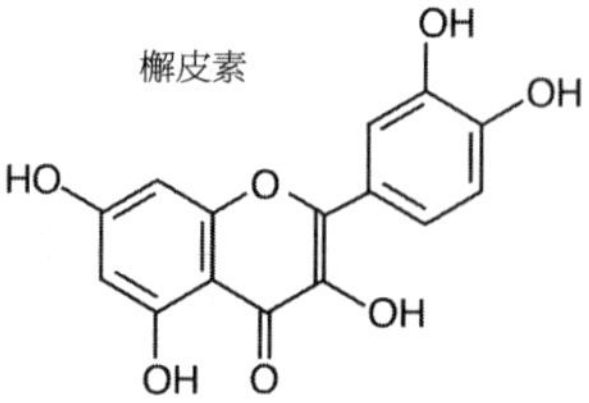

硫代葡萄糖苷

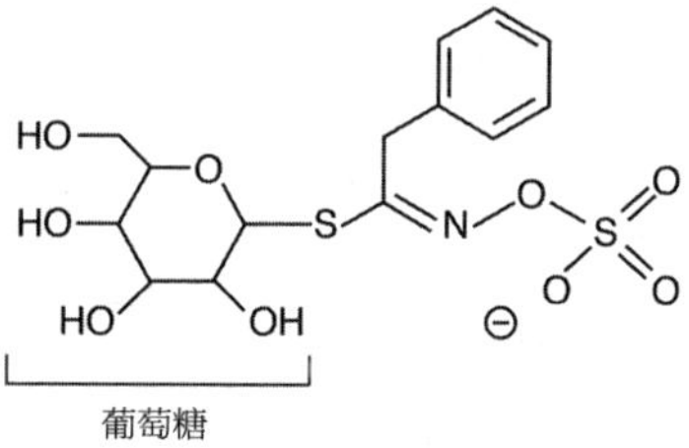

葡萄糖

有代表性的植物防御性物质

单宁酸

茉莉酸
（挥发性有机化合物）

伞形科的呋喃香豆素

葫芦科的葫芦素

茄科的植保素

附录 B

本书提到的植物

本附录按照字母顺序，列举了书中提到的植物和它们所属的科，包括蔬菜、树木、水果、园艺花卉（以 ** 标记）和杂草（以 * 标记）的外文名称和对应的中文译名。植物属名后面加的"spp."说明这一名称代表该属不止一种植物。

ANGIOSPERMS, Flowering Plants 被子植物
Aceraceae, maple family 槭树科
 sugar maple, *Acer saccharum* 糖槭
Aizoaceae, carpetweed family 番杏科
 *carpetweed, *Mollugo verticillata* 光叶粟米草
Amaranthaceae, amaranth family 苋科
 *rough pigweed, *Amaranthus retroflexus* 反枝苋
 *smooth pigweed, *Amaranthus hybridus* 绿穗苋
 spinach, *Spinacia oleracea* 菠菜
Amaryllidaceae, amaryllis family 石蒜科
 **daffodil, *Narcissus* spp. 水仙
Anacardiaceae, cashew family 漆树科
 *poison ivy, *Toxicodendron radicans* 毒漆藤
 *smooth sumac, *Rhus glabra* 光叶漆
Apiaceae, carrot family 伞形科
 carrot, *Daucus carota* var. *sativus* 胡萝卜
 celery, *Apium graveolens* 旱芹（又称芹菜或西芹）

dill, *Anethum graveolens* 莳萝

fennel, *Foeniculum vulgare* 茴香

parsley, *Petroselinum crispum* 欧芹

*wild carrot (Queen Anne's lace), *Daucus carota* 野胡萝卜

Araceae, arum family 天南星科

philodendron, *Philodendron* spp. 喜林芋属

Asclepiadaceae, milkweed family 萝藦科

*common milkweed, *Asclepias syriaca* 西亚马利筋

Asteraceae, daisy or aster family 菊科

artichoke, *Cynara cardunculus* var. *scolymus* 刺苞菜蓟

*aster, *Aster* spp. 紫菀属

*beggar-ticks, *Bidens bipinnata* 婆婆针

**black-eyed Susan, *Rudbeckia* spp. 金光菊属

*burdock, *Arctium minus* 小牛蒡

chamomile, *Matricaria chamomilla* 母菊（商品名为洋甘菊）

*chicory, *Cichorium intybus* 菊苣

**chrysanthemum, *Chrysanthemum* spp. 菊属

*cocklebur, *Xanthium strumarium* 苍耳

*dandelion, *Taraxacum officinale* 药用蒲公英

escarole (endive), *Cichorium endivia* 栽培菊苣（商品名为苦菊）

*goldenrod, *Solidago canadensis* 加拿大一枝黄花

lettuce, *Lactuca sativa* 莴苣

marigold, *Calendula officinalis* 金盏花

**purple coneflower, *Echinacea purpurea* 松果菊

*ragweed, *Ambrosia artemisiifolia* 豚草

sunflower, *Helianthus annuus* 向日葵

*thistle, *Cirsium vulgare* 翼蓟

**zinnia, *Zinnia* spp. 百日菊属

Betulaceae, birch family 桦木科

birch, *Betula* spp. 桦木属

Boraginaceae, borage family 紫草科

*stickseed, *Hackelia virginiana* 弗吉尼亚假鹤虱

Brassicaceae, cabbage family 十字花科

arugula, *Eruca sativa* 芝麻菜

bok choy, *Brassica rapa* var. *chinensis* 青菜

broccoli, *Brassica oleracea* var. *italic* 绿菜花（商品名为西蓝花）

Brussels sprouts, *Brassica oleracea* var. *gemmifera* 抱子甘蓝

cabbage, *Brassica oleracea* var. *capitata* 甘蓝

cauliflower, *Brassica oleracea* var. *botrytis* 花椰菜

Chinese cabbage, *Brassica rapa* var. *pekinensis* 白菜

collards, *Brassica oleracea* 宽叶羽衣甘蓝

kale, *Brassica oleracea* 羽衣甘蓝

kohlrabi, *Brassica oleracea* var. *gongylodes* 擘蓝

mustard, *Brassica juncea* 芥菜

*pepperweed, *Lepidium* spp. 独行菜属

radish, *Raphanus sativus* 萝卜

rutabaga, *Brassica napobrassica* 芜菁甘蓝

tatsoi, *Brassica rapa* var. *narinosa* 塌棵菜

turnip, *Brassica rapa* 蔓菁

wild mustard, *Sinapis arvensis* 田芥菜

Bromeliaceae, pineapple family 凤梨科

pineapple, *Ananas comosus* 凤梨

Caryophyllaceae, pink family 石竹科

*bouncing Bet, *Saponaria officinalis* 肥皂草

*campion, *Lychnis* spp. 剪秋罗属

*chickweed, *Stellaria media* 繁缕

*pink, *Silene* spp. 蝇子草属

Chenopodiaceae, goosefoot family 藜科

beets, *Beta vulgaris* 甜菜

*lamb's quarters, *Chenopodium album* 藜

Swiss chard, *Beta vulgaris* var. *cicla* 厚皮菜

Convolvulaceae, morning glory family 旋花科

*bindweed, *Convolvulus arvensis* 田旋花

sweet potato, *Ipomoea batatas* 番薯

Cornaceae, dogwood family 山茱萸科

blackgum, *Nyssa sylvatica* 多花蓝果树

**flowering dogwood, *Cornus florida* 狗木

Cucurbitaceae, squash family 葫芦科

birdhouse gourd, *Lagenaria siceraria* 葫芦

cucumber, *Cucumis sativus* 黄瓜

pumpkin, *Cucurbita pepo* 南瓜

watermelon, *Citrullus lanatus* 西瓜

zucchini, *Cucurbita pepo* 西葫芦

Ericaceae, heath family 杜鹃花科

blueberry, *Vaccinium corymbosum* 蓝莓

cranberry, *Vaccinium erythrocarpum* 美国扁枝越橘

Euphorbiaceae, spurge family 大戟科

**poinsettia, *Euphorbia pulcherrima* 一品红

*prostrate spurge, *Euphorbia supina* 斑地锦

Fabaceae, pea family 豆科

alfalfa, *Medicago sativa* 紫苜蓿

black locust, *Robinia pseudoacacia* 刺槐

bush beans (green beans), *Phaseolus vulgaris* 菜豆

crimson clover, *Trifolium incarnatum* 绛车轴草

field pea, *Pisum sativum* 豌豆

hairy vetch, *Vicia villosa* 长柔毛野豌豆

pea, *Pisum sativum* 豌豆

peanut, *Arachis hypogaea* 花生

pole bean, *Phaseolus coccineus* 荷包豆

soybean, *Glycine max* 大豆

sweet clover, *Melilotus officinalis* 草木樨

*tick trefoil, *Desmodium viridiflorum* 山蚂蝗

*white clover, *Trifolium repens* 白车轴草

Fagaceae, oak family 壳斗科

beech, *Fagus* spp. 水青冈属

red oak, *Quercus rubra* 红槲栎

white oak, *Quercus alba* 美国白栎

Geraniaceae, geranium family 牻牛儿苗科

*cranesbill, *Geranium carolinianum* 野老鹳草

**cultivated geranium, *Pelargonium* spp. 天竺葵属

**heronsbill geranium, *Erodium* spp. 牻牛儿苗属

*redstem storksbill (redstem filaree), *Erodium circutarium* 芹叶牻牛儿苗

Hamamelidaceae, witch hazel family 金缕梅科

sweetgum, *Liquidambar styraciflua* 北美枫香

witch hazel, *Hamamelis virginiana* 弗吉尼亚金缕梅

Hydrocharitaceae, pondweed family 水鳖科

waterweed, *Elodea canadensis* 水蕴藻

Iridaceae, iris family 鸢尾科

    **crocus, *Crocus sativus* 番红花

Juglandaceae, walnut family 胡桃科

    black walnut, *Juglans nigra* 黑胡桃

Lamiaceae, mint family 唇形科

    basil, *Ocimum basilicum* 罗勒

    catnip, *Nepeta cataria* 荆芥

    **coleus, *Plectranthus scutellarioides* 彩叶草

    oregano, *Origanum vulgare* 牛至

    peppermint, *Mentha × piperita* 辣薄荷（胡椒薄荷）

    rosemary, *Rosmarinus officinalis* 迷迭香

    sage, *Salvia officinalis* 药用鼠尾草

    summer savory, *Satureja hortensis* 园圃塔花

    thyme, *Thymus vulgaris* 斑叶百里香

Lauraceae, laurel family 樟科

    sassafras, *Sassafras albidum* 白檫木

Liliaceae, lily family 百合科

    asparagus, *Asparagus officinalis* 石刁柏

    chives, *Allium schoenoprasum* 北葱

    **daylily, *Hemerocallis* spp. 萱草属

    garlic, *Allium sativum* 蒜

    leeks, *Allium porrum* 韭葱

    onions, *Allium cepa* 洋葱

Malvaceae, mallow family 锦葵科

    okra, *Abelmoschus esculentus* 咖啡黄葵（商品名为秋葵）

    *spiny sida, *Sida spinosa* 刺黄花稔

    *velvetleaf, *Abutilon theophrasti* 苘麻

Musaceae, banana family 芭蕉科

    banana, *Musa* spp. 芭蕉属

Nyctaginaceae, four o'clock family 紫茉莉科

    **four o'clock flower, *Mirabilis jalapa* 紫茉莉

Oleaceae, olive family 木樨科

    **lilac, *Syringa vulgaris* 欧丁香

Onagraceae, evening primrose family 柳叶菜科

    *evening primrose, *Oenothera biennis* 月见草

Orobanchaceae, broomrape family 列当科

    *witchweed, *Striga asiatica* 独脚金

Oxalidaceae, wood sorrel family 酢浆草科

    *wood sorrel, *Oxalis stricta* 直酢浆草

Phytolaccaceae, pokeweed family 商陆科

    *pokeweed, *Phytolacca americana* 垂序商陆

Plantaginaceae, plantain family 车前科

    *broadleaf plantain, *Plantago major* 大车前

    *buckthorn plantain, *Plantago lanceolata* 长叶车前

Platanaceae, sycamore family 悬铃木科

    sycamore, *Platanus* spp. 悬铃木属

Poaceae, grass family 禾本科

    barley, *Hordeum vulgare* 大麦

    big bluestem, *Andropogon gerardii* 大须芒草

    bluegrass, *Poa annua* 早熟禾

    corn, *Zea mays* 玉米

    *crabgrass, *Digitaria sanguinalis* 马唐

    *fescue, *Schedonorus phoenix* 苇状羊茅

    *foxtail, *Setaria glauca* 金色狗尾草

    oat, *Avena sativa* 燕麦

    pearl millet, *Pennisetum glaucum* 御谷

    *quackgrass, *Agropyron repens* 偃麦草 *

    rye, *Secale cereal* 黑麦

    sugarcane, *Saccharum officinarum* 甘蔗

    wheat, *Triticum aestivum* 小麦

Polygonaceae, buckwheat family 蓼科

    buckwheat, *Fagopyrum esculentum* 荞麦

    *curly dock, *Rumex crispus* 皱叶酸模

    *prostrate knotweed, *Polygonum aviculare* 萹蓄

    *sheep sorrel, *Rumex acetosella* 小酸模

Portulacaceae, purslane family 马齿苋科

    *purslane, *Portulaca oleracea* 马齿苋

Rosaceae, rose family 蔷薇科

    apple, *Malus pumila* 苹果

    *avens, *Geum canadense* 北美路边青

    blackberry, *Rubus allegheniensis* 黑莓

---

*　有关偃麦草的学名争议，见第 143 页。——编者注

pear, *Pyrus* spp. 梨属

raspberry, *Rubus idaeus* 覆盆子

**rose, *Rosa* spp. 蔷薇属

serviceberry, *Amelanchier* spp. 唐棣属

strawberry, *Fragaria×ananassa* 草莓

Rubiaceae, madder family 茜草科

*catchweed bedstraw, *Galium aparine* 原拉拉藤

coffee, *Coffea arabica* 小粒咖啡

Salicaceae, willow family 杨柳科

cottonwood, *Populus* spp. 杨属

willow, *Salix* spp. 柳属

Scrophulariaceae, figwort family 玄参科

*mullein, *Verbascum thapsus* 毛蕊花

Simaroubaceae, tree of heaven family 苦木科

tree of heaven, *Ailanthus altissima* 臭椿

Solanaceae, nightshade family 茄科

eggplant, *Solanum melongena* 茄

pepper, *Capsicum annuum* 辣椒

potato, *Solanum tuberosum* 马铃薯

tobacco, *Nicotiana tabacum* 烟草

tomato, *Solanum lycopersicum* 番茄

Violaceae, violet family 堇菜科

*common blue violet, *Viola sororia* 习见蓝堇菜

Vitaceae, grape family 葡萄科

table and wine grapes, *Vitis vinifera* 葡萄

*wild grape, *Vitis vulpine* 野葡萄

GYMNOSPERMS, Conifers 裸子植物

Pinaceae, pine family 松科

fir, *Abies* spp. 冷杉属

hemlock, *Tsuga* spp. 铁杉属

pine, *Pinus* spp. 松属

spruce, *Picea* spp. 云杉属

名词解释

abscisic acid 脱落酸　这种植物激素影响着植物生命中的许多事件，控制着种子萌发、芽的发育、果实成熟和蒸腾作用。

abscission 脱落（*absciss* = 切断）　由于叶柄基部细胞解体导致的叶柄从茎干分离的现象。

acid soil 酸性土壤　酸性土壤中，氢离子浓度大于千万分之一。换句话说，它的 pH 值（$\log_{10}1/[H^+]$）小于 7。

adventitious roots 不定根（*adventicius* = 从外部产生）　种子的下胚轴是植物初生根的形成部位，而不定根源自意想不到的部位，例如叶子和茎干。

alkaline soil 碱性土壤　碱性土壤中，氢离子浓度小于千万分之一。换句话说，它的 pH 值（$\log_{10}1/[H^+]$）大于 7。

allelochemica 化感素　一种起抑制作用的天然化学物质。

allelopathy 异种克生（*allelo* = 互相；*pathy* = 伤害）　一株植物对另一株植物的抑制作用。

amendments 改良剂（*emendare* = 改善）　合成肥料之外的特定土壤添加物，可以提高土壤肥力以及（或者）改善土壤结构。这些改良剂会改变土壤的化学和（或）物理属性。

amino acid 氨基酸　组成蛋白质的基本要素。

amyloplast 淀粉体（*amylo* = 淀粉；*plast* = 体）　植物细胞中一种储藏淀粉

的细胞器，来源于叶绿体。

angiosperm 被子植物（*angio* = 封闭的；*sperm* = 种子） 多种维管植物的总称，有大约 220 000 个种，会开花结籽，种子被果实包裹。

anther 花药（*antheros* = 雄花） 雄花储藏花粉的部分。

antheridium 精子器（*antheros* = 雄花；*idium* = 小） 蕨类或苔藓配子体的棒状或球状结构，精子在其中成形。

anthocyanins 花青素（*anthos* = 花；*cyanos* = 深蓝） 一类包含红、蓝、紫三色的植物色素，可溶于水，存在于植物细胞的液泡中。

antioxidant 抗氧化剂 一类化学物质，能消除其他化学物质（氧化剂，即带有未配对电子的自由基）对人体的伤害，例如植物色素或维生素。氧化剂通过氧化反应使人体细胞中化合物的化学属性发生改变，导致组织发炎。

apical dominance 顶端优势 植物的顶芽优先生长，抑制茎干低处芽的生长发育的现象。

archegonium 颈卵器（*archae* = 原始的；*gonium* = 雌性生殖器官） 蕨类或苔藓配子体中的瓶状结构，卵子在其中形成。

arthropods 节肢动物（*arthro* = 有关节的；*poda* = 腿） 一个庞大而繁杂的动物类群，它们都没有脊椎，都有带关节的腿，世界范围内已被发现的节肢动物至少有 140 万种。

autochory 自体传播（*auto* = 自己；*chory* = 传播） 不依靠动物进行的种子传播。

auxin 生长素（*auxe* = 生长） 造成顶端优势的植物激素，对植物的定向生长以及植物发育的多个阶段都有影响。

axil 腋（*axilla* = 腋窝） 侧枝、细枝或叶柄与生发它们的垂直轴（即茎干）连接处的上边缘。

betalains 甜菜素 仙人掌、藜科（如甜菜、厚皮菜）、苋科（如菠菜、苋菜）、紫茉莉科和马齿苋科等花园植物会产生这类黄、橙、红色素。和花青素一样，这些色素溶于水并存在于植物细胞的液泡中。

bud 芽 含有干细胞的结构，位于植物的茎干尖端或腋部。

bulb 鳞茎 洋葱、韭葱和蒜等蔬菜都有鳞茎，这些我们熟悉的鳞茎是周边围绕着许多鳞叶的地下芽。

buzz pollination 振翅传粉　参见声波传粉（sonication pollination）。

cambium 形成层（*cambium* = 交换）　包围茎干的细胞分生组织层，向茎干或根（树皮）的外侧分裂产生韧皮部细胞，向茎干或根的内侧分裂产生木质部细胞。

carotenoids 类胡萝卜素（*carota* = 胡萝卜）　一类植物色素，存在于叶绿体膜中，呈现天然的黄色和橙色。

cation 阳离子　带正电荷的元素或营养物质。

chlorophyll 叶绿素（*chloro* = 绿；*phyll* = 叶）　一种绿色的植物色素，能够吸收红光和蓝光，用以进行光合作用。

chloroplast 叶绿体（*chloro* = 绿；*plast* = 体）　存在于植物细胞内的一种细胞器，含有叶绿素和类胡萝卜素。

chlorosis 缺绿症（*chloros* = 绿；*osis* = 病态）　由于缺乏某些矿物质而导致的植物叶绿素缺失。

chromoplast 有色体（*chromo* = 颜色；*plast* = 体）　含叶黄素、胡萝卜素和类胡萝卜素的呈黄色或橘黄色的质体。

circumnutation 回旋转头运动（*circum* = 围绕；*nuta* = 点头，摇摆）　攀缘植物卷须在接触物体后缠绕并螺旋上升的运动。

companion cell 伴胞　韧皮部组织中筛管细胞的姐妹细胞。这种细胞保留了包括细胞核在内的所有细胞器，在维持筛管细胞的功能上起到重要作用。

compost 堆肥　以植物残体为主，加入一定量人、畜粪尿和草木灰或石灰、土等混合堆积，经好氧微生物分解而成的有机肥料。

compound 化合物　由两个或两个以上元素结合形成的一类化学物质，这些元素各自的占比是恒定的。

cortex 皮层　植物茎和根中表皮与维管组织之间的基本组织。

cotyledon 子叶（*cotyle* = 杯状）　在胚或幼苗中最早形成的叶子。具吸收、储藏或进行光合作用等功能。英文也作 seed leaf。

cover crop 覆盖作物　在两次收割间种植的作物，目的是保护土壤不受侵蚀，并为土壤增加矿物质和有机质。也被称为绿肥。

cucurbitacins 葫芦素　一种由葫芦科植物产生的植物防御性化学物质。

cytokinins 细胞分裂素　一种植物激素，它不但能促使细胞分裂，而且会与其他激素互相影响，促进植物组织的生长发育。

cytoskeleton 细胞骨架　植物细胞的细胞质内普遍存在的蛋白质纤维网络，包括微管、微丝和中间纤维。

decomposer 分解者　依靠分解其他生命体的残体或排泄物获取能量和营养的生物。

diapause 滞育（*dia* = 通过；*pauein* = 停止）　昆虫生活史中生长发育停止的阶段。

dicot 双子叶植物（*di* = 二；*cot* = 子叶的缩写）　被子植物的两大类之一。双子叶植物的种子发芽时有两片子叶。

dinitrogenase 固氮酶　根瘤菌含有的一种酶，可以将氮气转化为氨。

dormancy 休眠　生理活动减少的休息期。

ecology 生态学（*eco* = 家；*logo* = 对……的研究）　研究生物之间及生物与非生物环境之间相互关系的学科。

elaiosome 油质体（*elaion* = 油；*soma* = 体）　某些特定的种子带有这种营养充足且富含油脂和蛋白质的部分，它可以吸引蚂蚁帮助传播种子。

element 元素　不能进一步分解为属性迥异的其他物质的化学物质。

embryo 胚　种子中植株的表现形式。其早期发育阶段处于受精和种子萌发之间。

endodermis 内皮层（*endo* = 内部；*dermis* = 皮）　植物根部的一层环形细胞，它可以有选择地控制特定的矿物质营养素从土壤到根部中央维管系统的通行。

endosperm 胚乳（*endo* = 内部；*sperm* = 种子）　种子的这一营养储存部位包覆着胚。在被子植物的双受精过程中，胚乳由精子与极核融合形成。

enzyme 酶　催化特定化学反应的蛋白质。

epicotyl 上胚轴（*epi* = 上方；*cotyl* = 子叶）　植物的胚与子叶连接处之上的部分，将来会形成植物成株的地上部分。

epidermis 上皮（*epi* = 上方；*dermis* = 皮） 覆盖在植物的叶子、茎干、果实、花朵和根部表面的那层细胞。

ethylene 乙烯 这种有机气体碰巧也是一种植物激素，它可以促使叶子脱落、果实成熟，但会抑制芽的生长。

etiolation 黄化（*etiol* = 苍白） 由于缺乏光照导致的植物生长异常，表现为叶绿素减少、叶子发育不良以及茎干徒长。

fertility of soil 土壤肥力 土壤为植物提供生长必需养分的能力。

fertilization 受精（*fertil* = 多产的） 精子与卵子的融合，会产生种子和果实。传粉先于受精发生。

Fibonacci series 斐波那契数列 以 0 和 1 开始的一系列数字，每一个数字等于前两个数字之和（0，1，1，2，3，5，8，13，21……）。植物呈现的许多几何规律，比如分枝的模式和植物器官的螺旋状排列，都可以用斐波那契数列来描述。

fixation of carbon 固碳 光合作用的第一步，一分子的二氧化碳与一分子的五碳化合物二磷酸核酮糖结合，产生两分子的三碳化合物磷酸甘油酸。

fixation of nitrogen 固氮 将氮气转变为氨的过程，能耗极高。

food web 食物网 生物之间的交互关系网，描述了食物能量如何在植物、食草者、捕食者、寄生者和分解者之间发生交换。

free radical 自由基 具有未配对电子（带负电荷）的分子，它可以与细胞中的化合物发生反应，导致细胞的损伤。抗氧化剂能贡献出电子，中和有害的自由基。

furanocoumarins 呋喃香豆素 一种植物防御性化合物，许多植物都能产生，例如伞形科植物。

gametophyte 配子体（*gamete* = 配偶；*phyte* = 植物） 植物生命周期中的有性阶段，会形成配子（精子和卵子），携带一半遗传物质。

germination 萌发 种子的发芽。

gibberellic acid 赤霉酸 一种植物激素，能促进细胞伸长、种子萌发以及芽的生长，但会抑制叶子脱落和果实成熟。

global warming 全球变暖 由于空气中温室气体（如二氧化碳、甲烷和一氧化二氮）的增加，大量太阳能（热量）聚集在地球表面，导致地球变暖的现象。

glucosinolate 硫代葡萄糖苷　一种由葡萄糖部分构成和氨基酸部分构成的简单化合物，存在于十字花科植物和一些其他植物中，又称芥子油苷。硫代葡萄糖苷有多种作用：（1）饮食中的有益营养；（2）植物的化感物质；（3）对于大部分昆虫有毒；（4）能够吸引少数昆虫。

greenhouse gas 温室气体　就像温室的玻璃会聚集热量一样，二氧化碳、甲烷和一氧化二氮等气体会在大气层中聚集热量，导致地球变暖。

guttation 吐水（*gutta* = 滴）　当木质部细胞中的根压增加时，植物汁液的液滴从叶尖的特殊管道中被挤压出来的现象。

gymnosperm 裸子植物（*gymnos* = 裸露的；*sperm* = 种子）　这类维管植物有1000 多种，它们的种子不像被子植物那样被包裹在果实中。

herbivore 食草动物（*herbi* = 植物；*vor* = 食）　一类以植物为食的动物。

honeydew 蜜露　通过以汁液为食的昆虫肠道后，仍保留部分营养的半消化态植物汁液。

hormone 激素（*hormon* = 引起）　对植物发育的重要事件起调节作用的化学物质。

humus 腐殖质（*humi* = 土）　动植物残体被分解后留下的带有负电荷的有机质。

hydathode 排水器（*hydat* = 水的；*hod* = 路）　由细胞构筑的一种管道，位于叶尖，受到来自木质部细胞的根压时，可以排出水滴。

hypocotyl 下胚轴（*hypo* = 下方；*cotyl* = 子叶）　在子叶和胚轴连接处之下的那部分植物胚，将来会发展为成株的地下部分。

hypothesis 假说（*hypo* = 下方；*thesis* = 规律）　对某种现象的解释，可以进行验证。

jasmonic acid 茉莉酸　一种激素，可以帮助植物抵御食草动物，能够影响与植物根部协作的细菌种类。

legume 豆类　隶属豆科的植物，包括菜豆、车轴草、豌豆和花生等，它们以与固氮菌协作著称。

lenticel 皮孔　植物茎干表面用于气体交换的结构。

manure 厩肥　动物粪便，向土壤添加它们可以丰富土壤中的有机质和无机营养。

masting behavior 丰年结实　一些树木每隔几年出现的一次果实大丰收。

megaspore 大孢子　未成熟的雌配子体，会分裂形成成熟配子体的 7 个细胞。

meristem 分生组织（*meristos* = 可分的）　植物体中具有分裂和分化能力的细胞群，包含许多干细胞。

metabolite 代谢物（*metabol* = 去改变）　生物体或细胞通过各种代谢途径产生的各种物质的总称。其中一些对生物体的生长发育和繁殖不可或缺，被称作初级代谢物；还有一些是植物生长和发育非必需的，但与植物防卫和生态适应有关的化学物质，被称作次级代谢物。

microbe 微生物　必须通过显微镜才能看清楚的生物。这些生物包括细菌、原生动物、真菌和藻类。

microspore 小孢子　未成熟的花粉粒或雄配子，会分裂形成成熟的花粉或雄配子体。

mineral 矿物质　一类无机化合物，来源于生物残体或岩石，一些岩石只含一种矿物质，如石灰岩只含碳酸钙；另一些岩石含有多种矿物质，如花岗岩。

mitochondrion 线粒体（*mitos* = 线；*chondrion* = 颗粒）　一种细胞器，以 ATP（三磷酸腺苷）的形式提供能量。

monocot 单子叶植物（*mono* = 一；*cot* = 子叶的缩写）　被子植物的两大类之一。单子叶植物的种子发芽时只有一片子叶。

mordant 媒染剂（*morda* = 刺入）　在染色过程中，用来使染料颜色固定于织物的化学药剂。

mycorrhiza 菌根（*myco* = 真菌；*rhiza* = 根）　土壤中真菌菌丝与植物根部共生形成的各种结构。

myrmecochory 蚁播（*myrmex* = 蚂蚁；*chory* = 散播）　在蚂蚁协助下进行的种子传播。

necrosis 坏死（*necros* = 死亡）　局部组织死亡。

nematode 线虫（*nema* = 线；*odes* = 像） 微小的线虫在肥沃的土壤中数量极多，每平方米可以达到 500 万个。 在花园的食物链中，它们以微生物、真菌、植物根部以及较小的线虫为食。 反过来，某些微生物、真菌、较大的线虫和其他小型无脊椎动物也以它们为食。

node 节点（*nodus* = 结） 茎干或根状茎上能长出芽或叶子的位置。

nutrient 营养素 能够滋养生物并促进其生长的元素或化合物。

organelle 细胞器（*organ* = 器官；*elle* = 小） 细胞内的一种构造，有自己的结构和功能。

organic 有机 一种物质是有机的，意味着它来源于自然，并且一定包含碳和氢两种元素。

osmosis 渗透作用 物质从高浓度处向低浓度处移动的现象。

ovule 胚珠 雌花的一部分，包含将来形成植物胚和胚乳的雌配子体，以及配子体周边会形成未来种皮的细胞。

oxidation 氧化 化合物失去负电荷的过程，通常伴随着获得氧原子或失去氢原子。

parasite 寄生者 以消耗另一种生物为生的生物，前者被称为它的宿主。 寄生者对宿主有依赖性，通常不会杀死其宿主。

parasitoid 拟寄生物 以消耗宿主为生的生物，一旦成熟且不需要依靠宿主为生时，就会最终杀死宿主。

parenchyma cell 薄壁细胞（*par* = 旁边；*enchyma* = 去插入） 一类细胞壁薄、未木质化的组成植物基本组织的生活细胞类型。 具有许多重要功能，如光合作用、储藏、分泌等。

parthenocarpy 单性结实（*parthenos* = 没有受精；*carpy* = 果实） 没有经过传粉和受精就发育形成的果实。

pathogen 病原体 导致植物产生病症的微生物。

petiole 叶柄（*petiolus* = 小梗） 连接叶片和枝干的梗。

phloem 韧皮部（*phloem* = 树皮） 输送由光合作用产生的糖类等营养物质的维管组织，位于茎干或根部的外表面与更靠近内侧的木质部之间的同心环中。

photoperiod 光周期 光照（白天）和黑暗（夜晚）的持续时间。

photorespiration 光呼吸（*photo* = 光；*respiro* = 呼吸） 光合作用的逆转，这一过程会将葡萄糖和氧气结合，转化为二氧化碳和水，并且释放能量。

photosynthesis 光合作用（*photo* = 光；*syn* = 共同；*thesis* = 一种编排） 通过叶绿素捕捉光能，并利用这些能量将二氧化碳和水结合，生成葡萄糖和氧气的过程。

phytoalexin 植保素（*phyto* = 植物；*alexin* = 抵御） 一种次级代谢物，在微生物入侵时被诱发产生，是植物细胞的防御性化学物质。

pistil 雌蕊（*pistillum* = 杵） 花的雌性器官。

predator 捕食者 一类从其他活着的生物（猎物）获取营养，但不附生于该生物体表或体内的生物。

primary metabolite 初级代谢物 参见代谢物（metabolite）。

pollen 花粉（*pollen* = 微尘） 一种雄性小孢子，成熟的花粉黏附于花朵雌蕊后，会分裂成两个精细胞和一个管细胞。

pollination 传粉 花粉从雄蕊转移到雌蕊的过程。裸子植物的雄性球果会产生花粉。裸子植物的传粉包含花粉从雄性球果转移到雌性球果的过程。

protozoa 原生动物（*proto* = 初级的；*zoa* = 动物） 这类单细胞生物包括有壳或无壳的变形虫，通过舞动体表覆盖的纤毛而移动的生物，以及那些通过挥动一根或多根鞭毛而移动的生物。

reduction 还原 化合物获得负电荷的过程，一般伴随着失去氧原子或获得氢原子。

refraction 折射 光束在穿过一种介质和另一种介质的交界面时发生弯曲的现象。折射率可以通过白利仪（也叫糖度仪）进行测量。

regenerative farming 再生农业 通过将更多营养素返还给土壤来补充因种植作物而缺失的营养素，从而持续改善土壤营养素含量和土壤结构。

rhizobium 根瘤菌（*rhizo* = 根；*bios* = 生命） 一类细菌，存在于豆科植物的根瘤中，与植物共生。

rhizome 根状茎（*rhizo* = 根） 形如根的地下茎或块茎。

root cap 根冠 一层覆盖并保护根尖及其中的活跃分生组织的套管状细胞。根冠中存在可感知重力的平衡石（淀粉粒）。

root hair 根毛 由单个根部表皮细胞演变成的深入土壤的突起物。

salicylic acid 水杨酸 一种激素，会诱发植物防御性化合物的生成，并决定哪种微生物可以与根部共存。

scale leaf 鳞叶 以芽为中心并排布在芽的周围的变态叶。

sclerenchyma 厚壁组织（*scler* = 坚硬的；*enchyma* = 插入） 由细胞壁很厚的细胞形成的组织，可以加固并支撑植物的器官。

secondary metabolite 次级代谢物 参见代谢物（metabolite）。

sievetube cell 筛管细胞 韧皮部伴胞的姐妹细胞。为促进糖类和水在筛管中顺畅地流动，每个筛管细胞都失去了细胞核和液泡；其他细胞器也相对较小，被挤到细胞边缘。这些细胞通过端壁上的筛板彼此相连，形成筛管。

sleep movement 睡眠运动 一种由细胞内的膨压变化驱动的植物器官运动，且与日常的光周期相吻合。

soil structure 土壤结构 在无机矿物颗粒与有机质的相互作用下所形成的土壤中不同颗粒的排列和组合形式。

soil texture 土质 土壤中三种不同粒径的矿物颗粒的相对含量，表明土壤中矿物颗粒的粗细。这三种矿物颗粒由岩石的风化而产生，在直径上有所区别：0.05 到 2.0 毫米为砂粒；0.002 到 0.05 毫米为粉砂；小于 0.002 毫米为黏粒。

sonication pollination 声波传粉 声能（如蜜蜂的振翅声）可以使样本表面或内部的颗粒分离。特定频率的声波能使花粉粒与雄蕊物理性分离，得以进行传粉。也被称为振翅传粉。

sporophyte 孢子体（*spora* = 孢子；*phyte* = 植物） 在植物的生命周期中，孢子形成期开始于配子（精子和卵子）的融合。每个配子携带着一半的植物基因遗传物质（n），当两个配子受精融合时，形成的孢子体带有完整的基因遗传物质（2n）。

stamen 雄蕊（*stamen* = 线状物） 花的雄性器官，会产生花粉。

starch 淀粉 葡萄糖分子头尾相接连在一起产生的葡萄糖聚合物，通常在冬季被储存在细胞中，到了春天又被转化为糖类。

statolith 平衡石（*stato* = 静止的；*lith* = 石头） 由淀粉体（一种特殊的叶绿体）产生的淀粉颗粒，能感知重力并随之发生位置变化，相当于植物的重力探测器。

stem cell 干细胞 一类具有自我更新能力和多向分化潜能的细胞。 在特定条件下可分化成不同的功能细胞，形成多种组织或器官。

stoma 气孔（*stoma* = 口） 叶子表面（表皮）的孔隙，每个气孔被两个保卫细胞包围，它们通过膨胀和收缩来控制气孔大小。 水和气体进出叶片都是通过气孔开合控制的。

strigolactone 独脚金内酯 一种由根细胞分泌的激素，它不仅会吸引有益的菌根真菌，而且会引来寄生于根部的植物。

stylets 口针 某些特定昆虫的口器，它们通过刺入植物组织吸吮进食。

subsoil 心土 位于表土以下的那层土壤，在耕作时不会被破坏。

sustainable farming 可持续农业 通过将耕种时失去的营养返还给土壤，使土壤的营养含量和结构得以维持而非削弱。

symbiosis 共生（*sym* = 共同；*bio* = 生活；*sis* = 的过程） 两种不同的有机生命体之间持续互利的密切联系。

systemic acquired resistance（SAR）系统获得抗性 植物接触到一种病原体的侵染或被食草动物啃食后产生系统性反应，从而使整棵植株对再次侵染或啃食表现出抗性的现象。

tendril 卷须（*tendere* = 伸展） 一种变态叶或变态茎，可以缠绕在其接触的物体上，并以此为植株剩余部分提供支撑。

topsoil 表土 位于顶部的那层土壤，在耕作时会被破坏。

totipotent cell 全能细胞（*toti* = 所有；*potent* = 有力量的） 能分化形成有机体各种类型的细胞并发育成完整个体的未分化细胞。

tracheid 管胞（*trachea* = 气管） 一种中空细长、尖端变细的木质部细胞，没有细胞核，只有细胞壁。 所有维管植物的木质部组织中都有管胞。

transpiration 蒸腾作用（*trans* = 横穿；*spiro* = 呼吸） 水分从叶片表面的孔隙（气孔）散失的现象。

trichome 毛状体（*tricho* = 毛发） 植物表皮细胞上的突起，有些毛状体能分泌特殊物质。

tuber 块状茎 / 根 块茎（stem tuber）是一种膨大的地下茎或根状茎（比如马铃薯）；块根（root tuber）是一种膨大的储藏根（比如番薯）。

turgor pressure 膨压（*turgo* = 肿胀的） 植物细胞坚硬的细胞壁所受到的水压。

twiner 缠绕植物 茎在支撑物上以一定角度呈螺旋状缠绕而生长的植物。

vascular plant 维管植物 带有韧皮部和木质部输导组织的植物。 包括所有的被子植物、裸子植物、蕨类和木贼等，但不包括苔藓。

vascular tissue 维管组织（vascular, *vascu* = 传输） 植物的输导组织，水分和营养（通过木质部）向上输送到叶子，叶子中的糖类和水分（通过韧皮部）反向输送下去。

vessel cell 导管细胞 木质部组织中的一种细胞，呈圆柱形且中空，两端不封闭。 这些中空的细胞排列成长管，向上输送营养和水分。 导管细胞只存在于被子植物的木质部中。

volatile organic compound（VOC）挥发性有机物 本书中指植物被食草动物或微生物攻击后，向空气中散发的化合物。

xylem 木质部（*xylo* = 木） 从土壤向上运送水分和营养的维管组织，位于茎干或根部中心与更靠外的韧皮部之间。

单位换算表

1 英寸 = 2.54 厘米

1 英尺 = 30.48 厘米

1 英里 = 1.61 千米

1 英亩 = 4046.86 平方米

1 美制加仑 = 3.78 升

1 茶匙 = 5 毫升

1 杯 * = 237 毫升

1 磅 = 453.59 克

---

* 杯和茶匙都是常见的非正式计量单位，并没有统一的国际标准。考虑到作者是美国人，这里按照美国的习惯进行换算。——编者注

延伸阅读

综合类图书

Capon, B. *Botany for Gardeners*. Portland, OR: Timber Press, 2010.

Mabey, R. *The Cabaret of Plants: Botany and the Imagination*. New York: W. W. Norton, 2016.

Martin, D. L., and K. Costello Soltys, eds. *Soil: Rodale Organic Gardening Basics*. Emmaus, PA: Rodale, 2000.

Chalker-Scott, L. *How Plants Work: The Science behind the Amazing Things Plants Do*. Portland, OR: Timber Press, 2015.

Ohlson, K. *The Soil Will Save Us*. Emmaus, PA: Rodale, 2014.

Riotte, L. *Carrots Love Tomatoes: Secrets of Companion Planting for Successful Gardening*. North Adams, MA: Storey Publishing, 1998.

Raven, P. H., R. F. Evert, and S. E. Eichhorn. *Biology of Plants*, 8th ed. W. H. Freeman, 2012.

园丁必读

Lawson, N. *The Humane Gardener: Nurturing a Backyard Habitat for Wildlife*. New York: Princeton Architectural Press, 2017.

Lowenfels, J. *Teaming with Nutrients: The Organic Gardener's Guide to Optimizing Plant Nutrition*. Portland, OR: Timber Press, 2013.

———. *Teaming with Fungi: The Organic Gardener's Guide to Mycorrhizae*. Portland, OR: Timber Press, 2017.

Lowenfels, J., and W. Lewis. *Teaming with Microbes: An Organic Gardener's Guide to the Soil Food Web*. Portland, OR: Timber Press, 2006.

Nardi, J. B. *Life in the Soil: A Guide for Naturalists and Gardeners*. Chicago: University of Chicago Press, 2007.

关于色素

Lee, D. *Nature's Palette: The Science of Plant Color*. Chicago: University of Chicago Press, 2007.

关于植物的运动

Darwin, C. R. *The Movements and Habits of Climbing Plants*. London: John Murray, 1875.

———. *The Power of Movement in Plants*. With Francis Darwin. London: John Murray, 1880.

关于种子

Silvertown, J. *An Orchard Invisible: A Natural History of Seeds*. Chicago: University of Chicago Press, 2009.

Thoreau, H. D. *Faith in a Seed*. Washington, DC: Island Press, 1993.

学术著作

Briggs, W. R. "How Do Sunflowers Follow the Sun—and to What End? Solar Tracking May Provide Sunflowers with an Unexpected Evolutionary Benefit."

Science 353 (August 5, 2016): 541–42.

Cheng, F., and Z. Cheng. "Research Progress on the Use of Plant Allelopathy in Agriculture and the Physiological and Ecological Mechanisms of Allelopathy." *Frontiers in Plant Science* 6 (2015): 1020.

Conn, C. E., et al. "Convergent Evolution of Strigolactone Perception Enabled Host Detection in Parasitic Plants." *Science* 349 (July 31, 2015): 540–43.

De Vrieze, J. "The Littlest Farmhands." *Science* 349 (August 14, 2015): 680–83.

Haney, C. H., and F. M. Ausubel. "Plant Microbiome Blueprints: A Plant Defense Hormone Shapes the Root Microbiome." *Science* 349 (August 20, 2015): 788–89.

Pallardy, S. G. *Physiology of Woody Plants*. Burlington, MA: Academic Press. 2008.

Puttonen, E., C. Briese, G. Mandlburger, M. Wieser, M. Pfennigbauer, A. Zlinszky, and N. Pfeifer. "Quantification of Overnight Movement of Birch (*Betula pendula*) Branches and Foliage with Short Interval Terrestrial Laser Scanning." *Frontiers in Plant Science* 7 (February 29, 2016) : 222.

关于杂草

Blair, K. *The Wild Wisdom of Weeds: 13 Essential Plants for Human Survival*. White River Junction, VT: Chelsea Green, 2014.

Cocannouer, J. A. *Weeds: Guardians of the Soil*. New York: Devin-Adair, 1950.

Heiser, C. B. *Weeds in My Garden: Observations on Some Misunderstood Plants*. Portland, OR: Timber Press, 2003.

Mabey, R. *Weeds: In Defense of Nature's Most Unloved Plants*. New York: HarperCollins, 2011.

Martin, A. C. *Weeds*. New York: St. Martin's Press, 2001.

图书在版编目(CIP)数据

花园里的10堂实验课/(美)詹姆斯·纳迪著;桔梗译. —
北京:商务印书馆,2021
(自然观察丛书)
ISBN 978 - 7 - 100 - 19805 - 9

Ⅰ.①花…　Ⅱ.①詹…②桔…　Ⅲ.①植物—普及读物
Ⅳ.①Q94 - 49

中国版本图书馆 CIP 数据核字(2021)第 063026 号

自然观察丛书

花园里的 10 堂实验课

〔美〕詹姆斯·纳迪　著

桔梗　译

商　务　印　书　馆　出　版
(北京王府井大街 36 号　邮政编码 100710)
商　务　印　书　馆　发　行
北京中科印刷有限公司印刷
ISBN 978 - 7 - 100 - 19805 - 9

2021 年 6 月第 1 版　　开本 880×1230　1/32
2021 年 6 月北京第 1 次印刷　　印张 8½

定价:48.00 元